Google
マイビジネス
集客の王道
Attract customers

**Googleマップから「来店」を
生み出す最強ツール**　　永友一朗［著］

技術評論社

はじめに

「2018年の夏に自社ホームページの検索順位が6位から約70位に急落しました。2か月後に順位は概ね戻ったのですが、その間、じつはネットからの集客状況は以前と変わりありませんでした。Googleマップで自社の情報が上位に載り続けていたからだと思っています」（整体院）

「従来からSNSもブログもやっていますが、最近ではGoogleマップを見たというお客様が本当に増えました。お食い初めやお宮参り、七五三などのお客様はかなり増えて、地元以外からもマップで調べて予約いただくことが多くなりました。」（寿司店）

「『投稿』機能でクーポンを発行していますが、それを持参するお客様が非常に増えました。自院の集客にGoogleマイビジネスは欠かせません」（鍼灸マッサージ店）

「Googleマイビジネスに載っているクチコミを見たというお客様が来店されました。本当に嬉しかったです」（生花店）

「『投稿』機能で、とある商品をPRし続けたところ、その商品を求めにいらっしゃるお客様が増えました。この商品については他のWeb媒体ではほとんどPRしていないので、Googleマイビジネスの効果に間違いありません」（宝飾店）

これらは、筆者がクライアント様に実際にうかがった「店舗でのGoogleマイビジネス活用事例」の、ごく一部です。

筆者のクライアント様の多くは、「ITやパソコンは本当に疎くて…」とおっしゃっていますが、真面目にご商売を続けている店舗経営者様です。皆様、お客様に喜んでいただきたい一心でご商売をなさってい

るご様子です。

　Googleマイビジネスは、「お客様に喜んでいただきたい商品やサービスがある」「でも、難しいITはよくわからなくて…」「宣伝になかなかお金がかけられない…」という店舗様にとって、またとないWebツールだと確信しています。

　店舗情報を登録し、商品などの写真を掲載し、お知らせを投稿する。お客様のご感想に返信する。ごく基本的な方法で、特にスマホでお店を探している新規のお客様に非常に大きなインパクトを与えることができるでしょう。

第1章では、今、なぜ店舗のWeb集客でGoogleマイビジネスが重要なのか。また、何をどう掲載することが「うまく活用する」ことにつながるのかを整理します。

第2章では、店舗情報入力のコツや注意点についてお話をします。

第3章では、見栄えの良い写真を掲載することや、重要な「投稿」機能について触れていきます。

第4章では、「『投稿』機能で活かしたい お客様目線のWebライティング術」と題して、どのような書きかたや表現がお客様の「来店したい！」「問い合わせてみよう！」という気持ちにつながるのかをご提案します。

第5章では、クチコミに対する返信法について、押さえるべきポイントと見本をお伝えします。

第6章では、Googleマイビジネスをさらに活かすための施策や管理について考えます。

第7章では、GoogleマイビジネスやWeb活用に関してよくいただく質問にお答えしています。

　Googleマイビジネスという無料ツールを使って、ぜひ、貴店の魅力を発信していただき、「新規のお客様」を増やしていただきたいと願っています。

2019年11月

永友一朗

Google マイビジネス 集客の王道 目次

第1章
Googleマイビジネスの基本と活用戦略

Section01　実店舗の集客を加速する Google マイビジネス ·················· 10

Section02　Google マイビジネスでなぜお客様が増える？ ·············· 12

Section03　集客に成功するために実現したいこと ························· 16

Section04　「ぱっと見 3 軒」に入るための Google ガイドライン ·········· 18

Section05　Google マイビジネス 3 つの活用戦略 ······················ 22

COLUMN1
　　　　　Google で「店舗名」を指名検索すると？

第2章
店舗情報を効果的に掲載する方法

Section06　店舗用の Google アカウントを用意する ···················· 28

Section07　店舗の「オーナー確認」をする ···························· 31

Section08　Google マイビジネスの管理画面を確認する ················· 36

Section09　店舗名／業種／属性を登録する ···························· 38

Section10　所在地／サービス提供エリアを登録する ···················· 42

Section11　営業日／営業時間を登録する ······························ 44

4

Section12	問い合わせ先を登録する	46
Section13	店舗ページの URL を登録する	48
Section14	サービス（メニュー）内容を登録する	49
Section15	店舗の説明を登録する	52
Section16	登録した情報を店舗ページで確認する	55

COLUMN2
Google 広告とは？

第3章

ライバルに差をつける「攻め」の運用テクニック

Section17	写真の掲載量／品質が集客の成否を分ける	60
Section18	写真の掲載と削除の基本	62
Section19	商品、外観、内観…掲載すべき写真のパターン	66
Section20	カバーとロゴに最適な写真とは？	70

COLUMN3
Google マップに喜んでクチコミ／写真投稿をする人とは？

Section21	画像編集で写真を見栄えよくするには？	74
Section22	見栄えをよくするための加工方法	77
Section23	最新情報を発信できる「投稿」機能の強み	80
Section24	「最新情報」を投稿する方法	84
Section25	「イベント」「クーポン」「商品」を投稿する方法	86
Section26	投稿の効果を得続けるための工夫	88
Section27	Google マイビジネスの「ウェブサイト」の使いかた	90
Section28	「ウェブサイト」を編集する方法	92

第4章

「投稿」機能で活かしたい Webライティング術

Section29	お客様目線の Web ライティング術	100
Section30	「自分事」にしてもらうためのテクニック	102
Section31	「共感」してもらうためのテクニック　内容編	105
Section32	「共感」してもらうためのテクニック　表現編	107
Section33	「不安と疑問を解消」してもらうためのテクニック	112
Section34	「アクション」を起こしてもらうためのテクニック	114

COLUMN4
「お店の特徴を表す言葉」を繰り返し伝える

第5章

お店の印象を良くする クチコミ返信術

Section35	効果絶大！クチコミを重要視する理由とは？	118
Section36	クチコミの数を増やす方法	120
Section37	クチコミに「返信」して信頼を積み重ねる	123
Section38	高評価クチコミに返信するときのポイント	127
Section39	低評価クチコミをもらったときのタブー行動	129
Section40	低評価クチコミに返信するときのポイント	131
Section41	低評価クチコミの返信実務	140
Section42	クチコミは削除できる？	142

Section43　「星だけ評価」にも返信すべき？ ……………………………………… 143

COLUMN 5
　　　　Google マイビジネスの「フォロー」機能について

集客効果を底上げする
外部施策と管理テクニック

Section44	Web に掲載されている店舗情報を統一する …………………… 146
Section45	SNS やブログを活用して相乗効果を狙う ………………………… 150
Section46	写真で新規客にアピールできる「Instagram」………………… 152
Section47	地域のお客様と接点を持つ「Twitter」……………………………… 156
Section48	既存客の再来店を促す「LINE 公式アカウント」………………… 159
Section49	友達の友達へのクチコミを生む「Facebook ページ」………… 160
Section50	写真がお客様を連れてくる「Pinterest」………………………… 161
Section51	検索流入を増やし、店舗への信頼を生む「ブログ」…………… 163
Section52	「インサイト」で集客効果を確認する …………………………… 165
Section53	複数人で Google マイビジネスを管理する ……………………… 171
Section54	管理する店舗（ビジネス）を増やす／減らす …………………… 175

第7章

ここが知りたい！
Q&A

Q1 投稿や写真で気をつけるべきこととは？ ……………………………… 180

Q2 投稿のネタが思いつかない！ ………………………………………… 181

Q3 どんな検索キーワードを選べばよい？ ………………………………… 182

Q4 店内をぐるっと見渡す写真はどう用意する？ ………………………… 184

Q5 Google マイビジネスの運用中に困ったら？ ………………………… 185

Q6 Web 活用について相談する機関はある？ …………………………… 186

Q7 Google マイビジネスを活用できている状態とは？ ………………… 188

索引 ………………………………………………………………………… 191

■『ご注意』ご購入・ご利用の前に必ずお読みください

　本書に記載された内容は、情報の提供のみを目的としています。したがって、本書を参考にした運用は、必ずご自身の責任と判断において行ってください。本書の情報に基づいた運用の結果、想定した通りの成果が得られなかったり、損害が発生しても弊社および著者はいかなる責任も負いません。

　本書に記載されている情報は、特に断りがない限り、2019 年 10 月時点での情報に基づいています。ご利用時には変更されている場合がありますので、ご注意ください。

　本書は、著作権法上の保護を受けています。本書の一部あるいは全部について、いかなる方法においても無断で複写、複製することは禁じられています。

　本文中に記載されている会社名、製品名などは、すべて関係各社の商標または登録商標、商品名です。なお、本文中には ™ マーク、® マークは記載しておりません。

第 **1** 章

Googleマイビジネスの基本と活用戦略

Section01	実店舗の集客を加速する Google マイビジネス
Section02	Google マイビジネスでなぜお客様が増える？
Section03	集客に成功するために実現したいこと
Section04	「ぱっと見 3 軒」に入るための Google ガイドライン
Section05	Google マイビジネス　3 つの活用戦略
COLUMN1	Google で「店舗名」を指名検索すると？

第1章 Googleマイビジネスの基本と活用戦略

01 実店舗の集客を加速する Googleマイビジネス

★ Googleマップ&検索に店舗情報を掲載

　読者の皆様の中には、「お店や観光地を調べるとき、Googleマップや Google検索を使用した」という経験をお持ちのかたも多いと思います。そのとき、通常の検索結果のほかに、以下のような表示があることに気づかれたかたも多いでしょう。

Google検索画面

Googleマップ画面

　この部分には、Googleに登録されている「お店の情報」が表示されています。そして、この**「お店の情報」を掲載・編集できるサービスがGoogleマイビジネス**です。Googleマイビジネスは、お店のオーナーやWeb担当者様が無料で利用できます。しかも、お店の住所や電話番号、営業時間を掲載できるだけではなく、セールや入荷情報などの**情報発信も可能**になっています。

　ご存知のように「Google」は、何か調べものをするときにもっとも使われ

る「検索エンジン」です。その Google に無料でお店情報を掲載し、また積極的な情報発信までできるわけですから、Google マイビジネスはまさに、新規客の集客にうってつけのサービスだといえるでしょう。

★ Googleマップは日本で一番多く見られている地図アプリ

　下の図は、2018年の日本におけるスマートフォンアプリ利用者数のランキングです。利用者が一番多いのは「LINE」で、次に「Googleマップ」がランクインしています。つまり「Googleマップ」は、「日本のスマホユーザーにもっともよく使われている地図アプリ」といえるでしょう。

図表3: 2018年 日本におけるスマートフォンアプリ利用者数 TOP10

ランク	サービス名 APP	平均月間 利用者数	対昨年 増加率
1	LINE	5,528万人	11%
2	Google Maps	3,936万人	19%
3	YouTube	3,845万人	22%
4	Google App	3,465万人	16%
5	Gmail	3,309万人	17%
6	Google Play	3,136万人	6%
7	Twitter	2,875万人	14%
8	Yahoo! JAPAN	2,670万人	23%
9	Facebook	2,301万人	6%
10	McDonald's Japan	2,053万人	18%

Source: Nielsen Mobile NetView アプリからの利用 18歳以上の男女
※2018年1月から10月までのデータ：平均月間利用者数

ニールセンデジタル株式会社「2018年 日本におけるスマートフォンアプリ利用者数 TOP10」
(https://www.netratings.co.jp/news_release/2018/12/Newsrelease20181225.html)

　この「日本のスマホユーザーにもっともよく使われている地図アプリ」に、貴店の情報を「無料」で掲載でき、「新規集客に大きく貢献できる」可能性があるわけですから、ここでやらない手はありません。本書では、「Googleマップや Google 検索で表示される店舗情報をしっかり整備する考えかたと、やりかた」を解説していきます。ご一緒に、じっくり進んでいきましょう。

第1章 Googleマイビジネスの基本と活用戦略

Googleマイビジネスでなぜお客様が増える?

★ お客様の視点で掲載情報を見てみよう

　Googleマイビジネスを商売に活かし、「新規客の集客」を目指していくその前に、**Googleマイビジネスが具体的にどのようなものなのか**を詳しく知っておく必要があります。ここでは、お客様の視点に立って「Googleマイビジネスの情報がどのように表示されるのか?」「お客様にはどのように見られているのか?」を確認していきましょう。

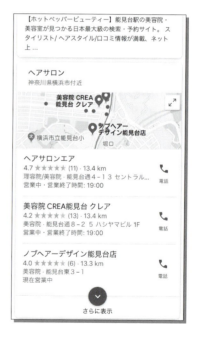

　筆者はWeb活用セミナーの講師もしており、出張が多いです。講演先で理容室、ヘアサロンに入ることもしばしばあります。この図は、スマホの**「Google」アプリ**を使って、「ヘアサロン　能見台」というキーワードで検索したときの画面です。一番上には有名クチコミサイトの「広告」が表示され、その次に、周辺地図とともに**3軒のヘアサロン**（理美容室）が表示されました。なお、能見台（のうけんだい）とは神奈川県横浜市金沢区の街の名前です。

12

次に、この図は同様にスマホの「Googleマップ」アプリを使って、「ヘアサロン　能見台」というキーワードで検索したときの画面です。「Googleマップ」はGoogleの「地図」に特化したアプリです。やはり、現在地付近の地図とともに3軒のヘアサロンが表示され、かろうじて4軒目のお店情報の一部が見えています。ぱっと見の情報欄では、

▶店名
▶スコア評価の総数と平均値
▶現在地からの距離
▶業種
▶住所
▶営業中かどうか（当日の営業終了時刻）

がわかります。また、「電話する」「道順を調べる」というボタンが表示されています。まさに、「行きたいお店を探したい」というユーザー（新規のお客様）にとって必要不可欠な情報がコンパクトに示されています。では、特定のお店をタップすると、どうなるでしょうか？今回、一番上に表示されていた「ヘアサロンエア」様を例に画面を見ていきましょう。

検索結果一覧ページから特定のお店（ここでは「ヘアサロンエア」様）をタップすると、数々の写真とともに「店名」「スコア評価の総数と平均値」「業種」「現在地から行くときにかかる時間」「営業中かどうか」が示されるだけでなく、

13

▶経路（お店に行くまでのルート提案）
▶ナビ開始（現在地からお店までのナビゲーション）
▶通話
▶リストへの保存

というボタンが表示されます。お客様は「通話」をして空き状況を聞いたり、「ナビ開始」でナビゲーションを見ながらお店に直接行けるわけですね。画面をスワイプ（スクロール）すると、次の情報が出てきます。

「お問い合わせ」「電話」ができるコーナーや、ホームページ（ブログ）へのリンクなどがあります。またお店によっては「通常、今の時間帯は混雑しているかどうか？」も、わかってしまいます。ちなみに「通常、今の時間帯は混雑しているかどうか？」は、Googleユーザーの行動履歴をもとに算出されています。なかなかすごい（恐ろしい？）時代ですよね。画面をさらにスワイプすると、次の情報が出てきます。

この画面では「写真」「周辺地図」が示されます。「ヘアサロンエア」様の場合は、お子さんがニコやかにカットされている例を見ることができます。やはり、「どんなお店なのか？」を知るには「写真（動画）」がとても参考になりますね。

またお店によっては「この場所の平均滞在時間は●時間です」というメッセージが表示されることもあります。これも、Googleユーザーの行動履歴をもとに算出されています。そのお店に初めて行くお客様は、この情報は非常に重宝するの

ではないでしょうか。筆者は家族旅行を計画するときに、観光ポイントの「平均滞在時間」を確認してプランを考えたりします。その名所が15分で周れるのか、2時間かかるのかは、プランを考えるのにとても重要な情報です。画面をさらにスワイプすると、次の情報が出てきます。

クチコミの詳細がわかります。筆者は個人的に、「スコア評価（いわゆる星の数）」ではなく、書かれたクチコミの内容と、お店からの返信内容を非常によく見ます。クチコミサイトの良し悪しはさまざまな議論がありますが、いち消費者としては**「クチコミの内容と返信」は、かなり実態を表す**ものだと感じています。筆者は「ヘアサロンエア」様に一度お邪魔したことがありますが、とてもしっかり話（髪の悩みなど）を聞いてくださり、また終始ニコニコされていたのが印象的です。画面をさらにスワイプすると、次の情報が出てきます。

「他の人はこちらも検索」と表示され、**類似する他の店舗候補**が表示されます。逆にいうと、お客様がGoogleマップで他店を探しているときも、貴店の情報が「類似する店舗」として表示される可能性もあります。またこの場所には、当該店舗様からのお知らせ（イベント投稿など。P.80参照）が表示されることもあります。

最後に画面左上の「×」をタップすると、店舗情報が閉じて検索結果一覧に戻ります。

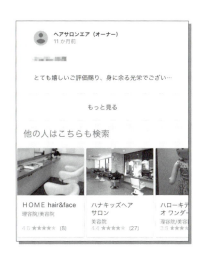

第1章 Googleマイビジネスの基本と活用戦略

03 集客に成功するために実現したいこと

　このように、「Google」もしくは「Googleマップ」アプリで「お店を探す」「お店を選ぶ」という行為は、読者の皆様も行うことが多いのではないでしょうか。筆者もコンサルタント、セミナー講師という仕事柄で出張が多いのですが、現場付近の飲食店を探すときはGoogleマップを使うことがほとんどです。

★ 新規来店につながる2つのポイント

　さて、じつは今までの図でご注目いただきたい重要ポイントが2点あります。

▶ 横浜市金沢区には「ヘアサロン（理美容室）」が100軒以上あるが、「Google」アプリもしくは「Googleマップ」アプリで探すと、ぱっと見「3軒」のお店が表示されること。そしてそれは必ずしも「現在地から近い順番での3軒」とは限らないこと
▶ お店によって情報量が異なること。また、「評価」が数値で出てしまうこと

　GoogleやGoogleマップを使って「業種名」もしくは「業種名＋地域名」で探すのは、固定客やお馴染み様ではなく、「新しいお客様」ではないでしょうか。その新しいお客様がGoogleやGoogleマップを使ってお店を探したとき、

▶ （1）ぱっと見で、貴店がすぐ表示されること
▶ （2）貴店の情報が多く、また評価の数が多くて良好なこと

が「新規来店」につながりそうであることは、いうまでもないでしょう。つまり、「Googleマップ／検索で表示される店舗情報について、上記（1）（2）をかなえるように調整し、新規来店を増やすこと」が、「Googleマイビジネス活用法」だといえます。もう少し突っ込んだ表現をするならば、

▶ぱっと見で、貴店がすぐ表示されない
▶貴店の情報が少なく、評価がない。もしくは評価が低い

というときには、(1)(2)がかなえられているお店に新しいお客様が流れていってしまうことでしょう。

　人口の減少や既存客の高齢化、モノやサービスが溢れている中での消費の落ち込み。口には出さずとも、中小企業・店舗経営者様は「商売が厳しくなっている」ことを実感なさっていると思います。**今すぐ出会いたいのは「新規客」のはず**です。その新規客（見込み客）がスマホでお店を探すとき、「Googleマップ／検索で表示される店舗情報がしっかり整備されている」という「とても単純で、お金がかからない取り組み」で大きく差が開いてしまうのです。ぜひ、本書でやりかたと考えかたを掴んでいただき、ご繁盛いただきたいと心から願っています。

例えば「さつまや本店」様の場合、「お食い初め　会食」で検索するとぱっと見ですぐに表示される。この状態を実現したい

しかもクチコミ評価も高く、ホームページアドレスや電話番号、営業時間が明確。また、予約に至る導線もしっかりしているので問い合わせや来店につながりやすい

第1章 Googleマイビジネスの基本と活用戦略

04 「ぱっと見3軒」に入るためのGoogleガイドライン

　Googleマイビジネスでは「ぱっと見の3軒」に入ることが重要というお話をしました。その表示は必ずしも「現在地から近い順」ではありませんが、では、どのような要素でその「位置取り」が決まっていくのでしょうか？もちろん、われわれ事業者が知り得る「正解」「完璧な方法論」はありません。しかしGoogle自身が「重大なヒント」を公言していますので、それを参考に「ぱっと見の3軒」に入るように努めていくのが正しい道筋であろうと思います。Googleは「Googleマイビジネスヘルプ」内において、**Googleのローカル検索結果の掲載順位を改善する**」方法について示しています。

Google LLC「Googleのローカル検索結果の掲載順位を改善する」
(https://support.google.com/business/answer/7091)

　ローカル検索結果とは、Google上の自店の掲載順位のことです。いうなれば「どのようにすれば『ぱっと見の3軒』に入りやすいか？」の指標に他なりませんので、要点を引用しながら確認していきましょう。

18

★ Googleガイドラインからヒントを読み解く

・詳細なデータを入力

　ローカル検索結果は、検索語句との関連性が十分に高いものが表示されるため、ビジネス情報の内容が充実しているほど、検索語句と一致しやすくなります。必ずすべてのビジネス情報をGoogleマイビジネスの管理画面に入力して、ユーザーにビジネスの内容、所在地、営業時間が表示されるようにします。入力する情報は、実際の住所、電話番号、カテゴリなどです。ビジネス情報は必ず最新の状態を保つようにしてください。

　ここでは、後述するGoogleマイビジネスのサービスを使って、「お店の正確な情報を」「ふんだんに」入力しておくことで、Googleで検索されたときに貴店情報が出て来やすくなる、と述べています。

・ビジネスのオーナー確認

　ビジネスのオーナー確認を行うと、GoogleマップやGoogle検索のようなGoogleサービスにビジネス情報が表示される可能性が高まります。

　第2章で解説する「オーナー確認」を行うと、Googleで検索されたときに貴店情報が出て来やすくなる、と述べています。オーナー確認は無料で行うことができます。

・営業時間の情報を正確に保つ

　祝祭日や特別イベント向けの特別営業時間も含め、営業時間を最新の情報に保つことで、見込み顧客は営業時間を把握でき、安心して営業時間中に店舗を訪れることができるようになります。

Googleは、インターネットユーザー（狭義にはGoogleを使うユーザー）の利便性を極めて重視しています。ユーザーにとって便利で有益な情報提供を推奨しているので、例えば「Googleマップを見て営業中だと表示されていたけど、来てみたら今日は休業じゃないか！」という状況を避けたいようです。通常の営業時間だけでなく、祝祭日にお店が開いているのかどうかなどもきちんと掲載したいところです。

・クチコミの管理と返信

ユーザーが投稿したビジネスのクチコミに返信すると、ユーザーとのつながりを作ることができます。さらに、クチコミに返信することでユーザーの存在やその意見を尊重していることもアピールできます。ユーザーから有用で好意的な内容のクチコミが投稿されると、ビジネスの存在感が高まり、見込み顧客が店舗に訪れる可能性が高くなります。リンクをクリックするとクチコミを書き込めるようにして、ユーザーにクチコミの投稿を促しましょう。

「クチコミをたくさんもらうようにし、そのクチコミには返事をしましょう」と述べています。なお、Googleマップに掲載されている店舗に評価・クチコミができるのは、基本的には「Googleローカルガイド」と呼ばれるGoogleユーザーです。GoogleローカルガイドについてはP.72で説明します。

・写真を追加

リスティングに写真を追加すると、商品やサービスに焦点を当てることができ、ビジネスの内容を紹介しやすくなります。的確で訴求力のある写真を掲載すれば、求めている商品やサービスがあることを見込み顧客にアピールできます。

簡単にいえば、「魅力的な写真をたくさん入れましょう」ということになります。なお、リスティングとは「GoogleマップやGoogle検索で表示される店舗情報」のことです。

・ローカル検索結果の掲載順位が決定される仕組み

ローカル検索結果では、主に関連性、距離、知名度といった要素を組み合わせて最適な検索結果が表示されます。たとえば、遠い場所にあるビジネスでも、Googleのアルゴリズムに基づいて、近くのビジネスより検索内容に合致していると判断された場合は、上位に表示される場合があります。

・関連性

関連性とは、検索語句とローカルリスティングが合致する度合いを指します。充実したビジネス情報を掲載すると、ビジネスについてのより的確な情報が提供されるため、リスティングと検索語句との関連性を高めることができます。

「Googleのローカル検索結果の掲載順位を改善する」のページには、「まとめ」のような項目もあります。上記のように、「さまざまな要素で掲載順位が変わっていく」、また「ビジネス情報を充実させることでユーザーの検索語句とマッチする可能性が高まる」と述べています。つまり、**「お店の正確な情報を」「ふんだんに」入力しておくことで、Googleで検索されたときに貴店情報が出て来やすくなる**、と繰り返し述べているわけです。

 ## ふんだんな情報は「お客様」のため

ここまで、わかりやすくするために「Googleのローカル検索で上位に表示されるために」情報をしっかり入れましょうとお伝えしてきました。しかしもちろん、本質的には「新規のお客様に知っていただくために」「自店が誰にどんなものを提供するか適切に知っていただくために」情報を入れるのだ、ということを忘れないようにしてください。小手先のテクニックで「ひっかける」ような取り組みでは、価値観に合わないお客様が来店する恐れもあります。

Googleマイビジネス 3つの活用戦略

★ その1　正確で十分な量の店舗情報を掲載する

　前ページまでで見たように、「正確な情報を」「ふんだんに」入力しているお店がGoogle上の検索で良い位置に出るというのは間違いなさそうです。ですので、Googleマイビジネスを活用するには、まずもって**「お店の正確な情報を」「ふんだんに」入力すること**を心がけていきましょう。ここで店舗様の実例を見ていきましょう。神奈川県藤沢市の老舗寿司店「さつまや本店」様の店舗情報です。

「さつまや本店」様の営業時間（左）と写真（右）のページ

　さつまや本店様は火曜日が定休日で、それ以外は「11時00分〜15時00分」「17時00分〜22時00分」に営業しています。お客様にとって非常にわかりやすく、正確に営業時間が示されています。また写真は、なんと600枚以上を掲載しています。豊富な情報量で、お店のイメージが湧きやすいのではないでしょうか。

★ その2　お客様とコミュニケーションを図る

「クチコミへの返信」を代表的なものとして、「**お店がユーザーを大事にしている**（コミュニケーションを取ろうと取り組んでいる）」という点も大きなポイントになりそうです。コミュニケーションを図るといっても、SNSのように「いいね！」をしあうことではありません。また、四六時中ユーザーからのクチコミを待っていなくてはならないわけでもありません。**お客様からの問いかけにいわゆる「放置」をするのではなく、きちんと対応していく**、ということが大切です。

「さつまや本店」様のクチコミのページ。各クチコミに返信することで、来店や投稿への感謝を伝えている

　Googleが理解でき、かつ、一般のお客様が「このお店はお客様を大切にしているな」と理解できるもっともわかりやすい部分が「クチコミとその返信」ではないでしょうか。

　なお、クチコミとその返信方法については第5章で詳述します。ぜひ貴店も「クチコミ」に向き合ってみてください。

★ その3　ホームページやSNSと連携する

　これら2点は「Googleが求めているものに、我々店舗もしっかり応えていきましょう。それがGoogle上で良い位置につける方策と考えられるからです」という内容です。ここではさらに、Googleマイビジネスの活用戦略として「**Googleマイビジネスから他ツールへの誘導を図る**」こともご提案したいと思います。

　Googleマイビジネス自体は、無料で簡単に使える、店舗集客にとって重要なWebツールであることは間違いありません。一方、Googleマイビジネスだけでマーケティングが完結するかといえば、そうではありません。お客様によっては「情報をまだまだ知りたい」と思うかもしれませんし、そもそも、消費者がお店と接点を持つのは「Googleマップ」と「Google検索」だけではないからです。

　筆者はコンサルティング実務上、「多面的な顧客接点の重要性」についてお話しすることが多いです。これはつまり、Googleマイビジネスだけですべてを完結してしまおうとするのではなく、そこから別の媒体に移動してもらうなど、**複数の接点で貴店の素晴らしさを知ってもらいましょう**、ということです。さつまや本店様でも、Googleマイビジネスの店舗情報から自社ホームページに積極的にリンクを張っています。「投稿」欄（P.80参照）からも自社ホームページへリンクを張っており、「Googleマップで知っていただいたお客様に、より一層お店をご案内させていただく」という姿勢が見て取れます。

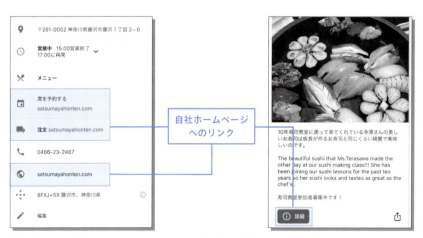

「さつまや本店」様の店舗情報ページ（左）や「投稿」欄（右）には、自社ホームページへのリンクが張られている

お客様のマインドシェアを高めよう

ここで、参考までに「マインドシェア」の考えかたをご紹介します。マインドシェアとは、「顧客の心の中に占める特定ブランドの占有率」と説明されます（グロービス経営大学院「MBA用語集」、https://mba.globis.ac.jp/about_mba/glossary/detail-12012.html）。

わかりやすくいえば、「市内で●●といえば△△だよね」というように、消費者の頭の中でそのお店が思い出される割合のことです。もちろん、この「シェア」は計測できませんが、一般的に、このマインドシェアを高める方法として、

▶共感を持ってもらう
▶コンタクト回数を増やす（お客様と接する回数を増やす）
▶旗印（専門性）を理解してもらう

という3点があるといわれています。つまり、地域の消費者に「このあたりで●●といえば△△だよね」という認識を高めるためには、Webでできることとして、「さまざまなSNS、Webツールにおいて露出し、仕事への想いや専門性を理解していただく」ことが重要ということです。そもそもお客様は検索をあまり使わず、SNSを中心に情報収集をしているかもしれません。また、Googleマイビジネス"だけ"では記憶に残らないかもしれません。ですので、中小企業・店舗様には「多面的な顧客接点の重要性」という考えかたをぜひ持っていただき、SNSの活用も進めていただきたいと願っています。

SNSの活用については、第6章で取り上げます。

COLUMN 1
Googleで「店舗名」を指名検索すると？

　ところで、ユーザーが「●●屋さん」と漠然と探すのではなく、貴店のことをすでに知っている場合もあるでしょう。友人から聞いた。看板で見た。チラシを見た。ネット上で何となく見たことがある…などです。そのユーザーが、パソコンであれスマホであれ「店舗名」でGoogle検索したらどうなるか、ご存知でしょうか？以下の図は、パソコンで「ホームページコンサルタント永友事務所」というキーワードで検索したときの画面です。

　「ホームページコンサルタント永友事務所」は筆者の事業所で、日本に一つしかない屋号です。したがって、このキーワードでは筆者の事業所の公式ホームページが一番上に掲載されます。このように、屋号や会社名、代表者名で検索することを「指名検索」といいますが、それはそれとして、検索結果の右側に、かなり大きなスペースで筆者の事業所についての情報が掲載されていることがわかります。じつはこの箇所も「Googleマイビジネスの店舗情報」をもとにした「ビジネスプロフィール」（ナレッジパネル）と呼ばれる情報欄です。

　つまり「ホームページコンサルタント永友事務所」などの指名検索をした場合にも、「Googleマイビジネスの店舗情報」が目立って表示されることがあるのです。ユーザーの中には、公式ホームページより先にこの「ビジネスプロフィール」を見る人も多いかもしれません。このことからも、「Googleマイビジネスの店舗情報」の整備が非常に重要だということがわかります。

第 **2** 章

店舗情報を効果的に 掲載する方法

Section06	店舗用の Google アカウントを用意する
Section07	店舗の「オーナー確認」をする
Section08	Google マイビジネスの管理画面を確認する
Section09	店舗名／業種／属性を登録する
Section10	所在地／サービス提供エリアを登録する
Section11	営業日／営業時間を登録する
Section12	問い合わせ先を登録する
Section13	店舗ページの URL を登録する
Section14	サービス（メニュー）内容を登録する
Section15	店舗の説明を登録する
Section16	登録した情報を店舗ページで確認する
COLUMN2	Google 広告とは？

第2章 店舗情報を効果的に掲載する方法

06 店舗用のGoogleアカウントを用意する

　Googleマイビジネスを活用していくためには「Googleアカウント」が必要です。コンサルティング実務上、

▶経営者様個人のGoogleアカウントを店舗用Googleアカウントとして使う
▶スタッフ個人のGoogleアカウントを店舗用Googleアカウントとして使う

というケースも散見されますが、

▶経営者様が出張、不在の場合にGoogleアカウントにログインできなかった
▶スタッフが退職してGoogleアカウントにログインできなくなった

というお話もよく聞きます。ですので、できる限り**店舗専用のGoogleアカウントを作成する**ことをおすすめします。日本在住の場合、Googleアカウントは13歳以上の人なら誰でも作ることができます。

★ Googleアカウントを作成する方法

手順❶ パソコンやスマホでブラウザを起動し、アドレスバーに「https://myaccount.google.com/」と入力して Enter を押します。パソコンの場合は左のような画面が表示されますので、「Googleアカウントを作成」をクリックします。

手順❷ 適宜情報を入力し、「次へ」をクリックします。なお、今回は「店舗用」ですので、「姓：●●」「名：株式会社」など、会社名や屋号を便宜上姓と名に分けて入力します。パスワードは半角英字、数字、記号を組み合わせて8文字以上です。

手順❸ 確認コード（テキストメッセージ）を受信できる電話番号を入力します。ここは固定電話ではなくスマホの電話番号になります。電話番号を入力したら「次へ」をクリックします。

手順❹ スマホに届いた確認コードを入力し、「確認」をクリックします。確認コードが届かない場合は、「代わりに音声通話を使用」から音声での確認もできます。

手順❺ 次に「生年月日」を入力します。ここでは、「お店の開店日」などではなく、経営者様の実際の生年月日などにするとよいでしょう。Googleはこの項目で「13歳以上なのか」を確認しているようです。なお「性別」は「指定しない」という選択肢もあります。入力が済んだら「次へ」をクリックします。

手順⑥ 「電話番号の活用」という画面になりますが「スキップ」で良いでしょう。

手順⑦ 「プライバシーポリシーと利用規約」という画面になります。規約のスクロールを一番下まで下げると「同意する」というボタンが現れますので、クリックします。

手順⑧ 左のような画面が表示されれば、Googleアカウントが無事作成できたことになります。以降、本書では「Googleアカウントにログインしている状態」を前提にお話を進めていきます。

店舗運営に役立つGoogleサービス

　Googleアカウントが一つあれば、さまざまなGoogleサービスが無料で利用できます。例えばGmailは、パソコンやスマホでメールが送受信でき、外出先でメールチェックをするのに便利です。またGoogleフォトは、スマホで撮影した写真をネット上にも自動保存できます。GoogleカレンダーやGoogleアナリティクスなど、ほかにも便利なサービスはありますのでぜひ探してみてください。

第2章 店舗情報を効果的に掲載する方法

07 店舗の「オーナー確認」をする

★ お客様からの信頼度が倍増する「オーナー確認」

Googleマイビジネスは店舗情報を公開し、PRできる場です。この「店舗情報」を編集できるのは、以下の2種類のユーザーがいます。

▶ （1）Googleローカルガイド
▶ （2）ビジネスオーナー

このうちGoogleローカルガイドについては後述しますが、「一般ユーザー」だと思っていただければよいでしょう。一般ユーザーも、店舗写真を投稿したり、営業時間などを編集したりすることができます（編集はGoogleにより審査されます）。

一方、「ビジネスオーナー」としてGoogleマイビジネスに認証されると、後述する「投稿」機能でPRできたり、クチコミに返信をしたり、自ら手配したきれいな写真を掲載したりできるようになります。「写真」については、一般ユーザーが投稿した写真よりもビジネスオーナーが投稿した写真のほうが優先的に表示されるようです。また、Googleの調査では「Googleマイビジネスでのオーナー確認が済んでいるビジネスは、ユーザーからの信頼度が倍増する傾向」にあるとのことです（https://support.google.com/business/answer/3038063）。なお、ここでいう「ビジネスオーナー」とは、狭義の「経営者」という意味ではなく、「お店側の人」という意味ですので、Googleマイビジネスの管理画面に入れるスタッフも編集や投稿が行えます。

★ オーナー確認前の3つのパターン

本書では、「パソコンを使ってオーナー確認をする手順」を示しますが、スマホからでもほぼ同様のステップでオーナー確認ができますので、じっくりとチャレンジしてください。さて、オーナー確認は「Googleマップに載ってい

31

るお店に対して行う」のがもっともシンプルな考えかたです。まずはパソコンでGoogleマップ（https://www.google.com/maps/）を開き、住所を入力したり店名で検索したりして、マップ上の自店を探してください。ここで3つのパターンに分かれます。

パターン1　オーナー確認が済んでいない

　この図のように「ビジネスオーナーですか？」という文言が出ていたら、「お店はマップ上に登録されているけれども、オーナー確認は済んでいない」状態です。この場合は、次項「オーナー確認の手順」を参考に、オーナー確認を進めていきましょう。

パターン2　オーナー確認が済んでいる

　一方、「お店は出てくるが『ビジネスオーナーですか？』という文言はない」という場合は、すでにオーナー確認が済んでいることを意味します。コンサルティング実務上、「経営者の自分は知らなかったが、家族がいつの間にかオーナー確認をしていた」というケースはよく聞きますので、心当たりのあるかたに確認してみましょう。

パターン3　Googleマップに自店が登録されていない

　新規開店をしたばかりのお店などでは、「そもそもGoogleマップ上に自店が載っていない」ということもあります。その場合はマップ上の自店の所在地

で右クリックし、「自身のビジネス情報を追加」というメニューからお店の追加申請を行いましょう。この後の流れは、以下の手順と概ね同じになります。

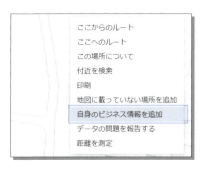

★ オーナー確認の手順

ここでは、パターン1の「ビジネスオーナーですか？」という文言が出る場合を想定して話を進めます。

手順❶ 「ビジネスオーナーですか？」という文字をクリックすると、このような画面に移ります。「ビジネス名」、つまり店名を入力します。あらかじめ入力されている場合は、表記が正しいかをいま一度確認しましょう。入力が済んだら「次へ」をクリックします。

手順❷ 住所を入力し、「次へ」をクリックします。

← ビジネス拠点以外の地域でもサービスを
提供していますか？

たとえば、商品配達や出張型のサービス提供を行ってい
合は、対象のサービス提供地域を表示できます

①選択

○ はい、ビジネス拠点以外の地域でもサービスを提供し
ています

○ いいえ、提供していません

次へ **②クリック**

手順③「ビジネス拠点以外の地域でもサービスを提供していますか？」という質問では、「訪問整体」「便利屋さん」のような訪問型ビジネスの場合は「はい」を選びます。それ以外の「実店舗に来店していただくタイプのビジネス」は「いいえ」を選択して「次へ」をクリックします。

← ビジネスの説明として最も的確なカテゴ
リを指定します

お取り扱いの商品やサービスを検索しているユーザーが、お
客様のビジネスを見つけるのに役立ちます。詳細

ビジネス カテゴリ **①選択**
Q バー

これは後で変更したり追加したりできます

次へ **②クリック**

手順④ 商売のカテゴリ（分類）を選択します。ここでは直接すべての文字を入力するのではなく、あくまでも「Googleマイビジネスの業種データベースの中から選ぶ」というイメージですので、必ずしもぴったりな分類がない場合もあります。比較的近いと思う分類を選び、「次へ」をクリックします。

← ユーザーに表示する連絡先の詳細を入力
してください。

お客様のリスティングにこの情報を含めることで、ユーザー
がお客様に連絡を取れるようになります（省略可）

連絡先の電話番号
☎ ● ▾

現在のウェブサイトの URL
🌐 ◉ http://barcanes.exblog.jp/

○ ウェブサイトは不要です **①入力**

○ ご自身の情報に基づいて無料ウェブサイ
トを作成する 詳細を表示

次へ **②クリック**

手順⑤ 電話番号やホームページアドレスを入力します。ホームページがない場合は「ご自身の情報に基づいて無料ウェブサイトを作成する」を選択して「次へ」をクリックします。

手順❻ この画面は、わかりやすくいえば「Googleマイビジネスからメルマガを受け取りますか？」という選択です。どちらかを選び、「次へ」をクリックします。

手順❼ 確認の上、「終了」をクリックします。

手順❽ 確認コードの取得方法として、「電話」か「ハガキ」を選びます。コンサルティング実務上、多くの経営者様は「電話」を選択します。「通話」をクリックすると、表示されている電話番号にすぐにGoogleから電話がかかってきて、5桁程度の数字が伝えられます。それをメモして確認コード入力欄に入力することで「オーナー確認」が完了します。

「ハガキ」を選択した場合は、後日、このようなハガキが送付されてきます。

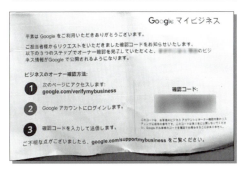

第2章 店舗情報を効果的に掲載する方法

08 Googleマイビジネスの管理画面を確認する

★ Googleマイビジネスの管理画面にアクセスする

オーナー確認が終わったら、さっそく **Googleマイビジネスの管理画面** を見てみましょう。Googleマイビジネスの管理画面に入るには、前述のように「Googleアカウント」を使います。

手順❶ ブラウザのアドレスバーに「https://www.google.com/intl/ja_jp/business/」と入力し、Enter を押します。右上の「ログイン」をクリックします(写真は頻繁に変わりますが、右上に「ログイン」の文字が出ていれば大丈夫です)。

手順❷ 以下のような画面が表示されれば、Googleマイビジネスの管理画面に入れたことになります。

メニュー部分:編集できる項目名が並んでいます

編集部分:選択した各メニューについて詳細が表示され、このエリアで実際の編集(投稿)を行います

Googleマイビジネスの管理画面を初めて見たかたは、いろいろな情報が表示されて「どこから手をつけていいか…」と面食らってしまうかもしれません。中には上級ユーザー向けの「あまり見なくて良い項目」もあるので悩ましいところです。ただし操作自体は、左側のメニューから項目を選んで、「鉛筆」マークをクリックすると編集できる、というように直感的に行えるので安心してください。

　では、どのような情報を、どのように掲載するのが良いでしょうか？このことについては次のページから考えていきます。

★ 情報を登録した後はスマホアプリ版がおすすめ

　Googleマイビジネスにはスマホアプリ（iOS版／Android版）が用意されており、スマホアプリからでも各種登録や編集、投稿が行えます。特に店舗様へのWeb活用コンサルティングの現場では、「店内でパソコンを広げて情報発信するのは難しい」というお声をよく聞きます。ですので、ある程度Googleマイビジネスの貴店情報が整備されたら、実際の運営はアプリで行うほうが便利でしょう。

　なお本書ではパソコン（ブラウザ）版のGoogleマイビジネス操作を中心に掲載していますが、スマホアプリ版のGoogleマイビジネスでも操作はほとんど同じですので、ご安心ください。

「Googleマイビジネス」アプリの画面

09 店舗名／業種／属性を登録する

★ 「ビジネス名」を編集する

　それでは、Googleマイビジネスで入力すべき事項を一つ一つ見ていきましょう。まずは管理画面の左側にある「情報」メニューをクリックします。次に、画面中央部の屋号／店名が表示されているところの右側「鉛筆」マークをクリックします。

　ここでは「ビジネス名」を編集できます。ビジネス名とは、このビジネス拠点の名称で、わかりやすくいえば「屋号・店名」のことです。「ビジネス名」についてGoogleは、以下のように述べています。

> 　ビジネスの名称には、実際に店舗、ウェブサイト、事務用品などで継続的に使用し、顧客に認知されているものを使用します。正確なビジネス名を入力すると、ユーザーがオンラインで検索するときにお客様のビジネスを見つけやすくなります。
> （引用：https://support.google.com/business/answer/3038177）

　つまり「ビジネス名」には、普段使用している屋号や店名をそのまま入力することが大事です。キャッチコピーのようなものは含めてはいけないので注意してください。次ページには「含めてはいけない情報」の代表例を挙げています。より詳しくは引用先のページをご参照ください。

【良い例】

ホームページコンサルタント永友事務所

【悪い例】　　　　「キャッチコピー（マーケティングタグライン）」は含めることができません

わかりやすさ200%!!!ホームページコンサルタント永友事務所
（藤沢駅徒歩5分）お電話ください0466-25-8351

「所在地情報」や「道順」は含めることはできません　　　「電話番号」は含めることはできません

　なお、Googleマップを見ると上記のような「悪い例」の情報が含まれた店舗情報を見かけることも少なくないと思います。Googleは「ビジネス名に不要な情報を含めることはできません。含めると、リスティングが停止される可能性があります」と述べていますので、仮に現時点で上記のような「適切ではない名前」で登録・公開されていても、急に削除される（リスティングが停止される）こともありますのでご注意ください。

★「カテゴリ」を編集する

　「情報」メニューの画面中央部で、カテゴリ名が表示されているところの右側「鉛筆」マークをクリックします。

ここでは「カテゴリ」を編集できます。カテゴリとはビジネスの業種のことです。カテゴリは、「カテゴリ一覧の中から、中心となる事業内容を示すカテゴリのみを可能な限り数少なく設定します」という説明の通り、Google側が用意している業種一覧から「選ぶ」という形になります。ですので、文字を直接入力しても下図のように表示され、「適用」をクリックできないこともあります。

　くれぐれも、Google側が用意している業種一覧からもっとも近いと思われるカテゴリ（業種）を「選ぶ」ことに気をつけましょう。なおこのカテゴリは、必要に応じて「追加カテゴリ」を選択することもできます。

★「属性」を編集する

　「情報」メニューの画面中央部で、「属性を追加」と表示されているところをクリックします。

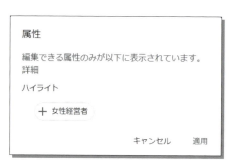

　「事実に基づく特定の属性」を入力（選択）してPRに役立てることができます。選択肢の中から貴店に該当するものをクリックし、選択していきます。この属性は業種によって選べる種類が決まっています。筆者の場合は現時点で

「女性経営者」しか選択できませんが、私自身女性経営者ではないので選択していません。例えばこれが飲食店の場合は、以下のようなさまざまな属性が選べるようです。

属性種類	属性
お支払い	NFC モバイル決済、クレジットカード、デビットカード可、小切手可、現金のみ
サービス	アルコール、カクテル、キッズメニューがあるお店、クラフトビールが飲めるお店、クローク、グルテンフリーメニュー、コーシャ認定料理、コーヒー、コーヒーだけの注文可、サラダバーありのお店、サービスタイムあり、シードル、テイスティングメニューがあるお店、ドリンクのサービスタイムあり、ハラール食、ハードリカーあり、ビール、ベジタリアンメニュー、ホットティー、ワイン、地元の食材を使っている、小皿料理、日本酒、有機食材を取り扱っているお店、深夜の食事が可能なお店、点字メニュー、辛い料理があるお店、食べ放題、食事のサービスタイムあり、飲み物だけの注文可
バリアフリー	車椅子対応のエレベーターあり、車椅子対応のトイレ、車椅子対応の入り口あり、車椅子対応の座席、車椅子対応の駐車場あり
プラン	LGBTQ フレンドリー、トランスジェンダー対応、予約可、要予約のお店
客層	LGBT に人気のホテル、家族向き
特徴	スポーツ、テラス席がある、女性経営者、屋上の席あり、暖炉がある、生演奏あり、飲み放題
設備	Wi-Fi、トイレありのお店、バー併設、子ども用の椅子がある、子供向き、男女共用トイレがある、補助椅子がある
食事	ケータリングを行っているお店、テイクアウト OK、テーブルサービス、ディナー、デザートがあるお店、ブランチ、ランチ、事前注文が可能なお店、宅配可能、座席があるお店、朝食

　なお、店舗が選択／PRできるのは上記のような「事実に基づく特定の属性」だけです。「居心地が良い」「カジュアル」などの主観的な属性については、来店したGoogleユーザーの意見によって決まり、Googleマップのビジネスプロフィールに自動的に掲載されることがあります。

10 所在地／サービス提供エリアを登録する

★ 「ビジネス拠点」を編集する

「情報」メニューの画面中央部で、貴店所在地が表示されているところの右側「鉛筆」マークをクリックします。

ここでは「ビジネス拠点」を編集できます。ビジネス拠点とは、そのまま**店舗の所在地**のことです。すでにオーナー確認が済んでいれば、所在地は適切に入っていることと思います。なお「店舗や事務所などの拠点がない場合は、空欄のままにしてください」と記載があるように、「訪問整体」「出張理容」などの**非店舗型（無店舗・訪問型）**のご商売もGoogleマイビジネスを利用することができます。その場合は、次の「サービス提供地域の追加」のメニューで対応地域を登録します。

★ 「非店舗型（エリア限定サービス）」を編集する

　「情報」メニューの画面中央部で、「サービス提供地域の追加」と書かれているところの右側「鉛筆」マークをクリックします。

　ここでは「非店舗型（エリア限定サービス）」を編集できます。「商品配達や出張型サービスの対象地域をユーザーに知らせます」

```
非店舗型（エリア限定サービス）

商品配達や出張型サービスの対象地域をユーザー
に知らせます

地域を検索して選択します
東京、お台場

後から変更したり追加したりできます

                              キャンセル    適用
```

という記載の通り、無店舗／訪問型のご商売での対応地域を入力します。なお、以前まで「所在地からの距離」（例：本部から半径50km）で出張対象地域を指定することができましたが、現在では市区町村や郵便番号などでサービス提供地域を指定することになっています。

　セミナーの質疑応答の時間などに、「自宅で『訪問整体のみしている整体業』を開業しました。Googleマイビジネスをぜひ利用したいのですが、利用できるでしょうか？」というご質問をいただくことがあります。その場合は、上記の「サービス提供地域だけを入力」する方法で、自宅住所を公開することなくGoogleマイビジネスが利用できます。

● 業種別　入力方法のまとめ

ご商売の種類	拠点について入力すべき項目
実店舗でのご商売 （例）化粧品店	「ビジネス拠点」を入力してください。
訪問のみのご商売 （例）出張理容	ビジネス拠点の住所で接客することがない場合は、「ビジネス拠点」を空欄にして、「サービス提供地域」だけを入力してください。
実店舗でご商売をし、かつ、配達などもする場合 （例）喫茶店を経営し、かつ、自家焙煎珈琲豆の配達もしている	ビジネス拠点の住所で接客し、サービス提供地域もある場合は、「ビジネス拠点」と「サービス提供地域」の両方を入力してください。

第2章 店舗情報を効果的に掲載する方法

11 営業日／営業時間を登録する

★「営業時間」を編集する

「情報」メニューの画面中央部で、「時計」マークが表示されているところの右側「鉛筆」マークをクリックします。

ここでは「営業時間」を編集できます。第1章で説明したとおり、Googleはネットユーザー（狭義にはGoogleを使うユーザー）の利便性を極めて重視しています。「本日営業と書いてあるのでマップを見てお店に来てみたら閉まっていたじゃないか！」という状況をGoogleは嫌います。ですので、「定休日という表示にする」か、営業しているならば「営業時間を書いておく」という2択になります。

飲食店などでは、「ランチタイムの後に休憩をして、ディナーからまたお店を開ける」というケースもあることでしょう。このような場合は「営業時間を追加」という項目から、下図のように設定することができます。

お店を開ける時間がまちまちの場合は？

　さて、コンサルティング実務上、「営業はしっかり行っているけれども、お店を開ける時間はまちまちで、正確に入力することができない」というご相談もお聞きします。その際によくご提案するのは、「ほぼ確実にお店にいるコアタイムだけ記載しておく」という方法です。そうすれば、仮にその前後にお客様が来店されても店主がお店にいれば問題ありませんし、万が一店主がお店にいなくても、コアタイムにはいたのであれば「店舗の情報」としては問題ないからです。なお、この「営業時間」には日曜日から土曜日までの設定しかありません。祝祭日について設定するには、次の「特別営業時間」から行います。

★ 「特別営業時間」を編集する

　「情報」メニューの画面中央部で、「カレンダー」マークが表示されているところの右側「鉛筆」マークをクリックします。

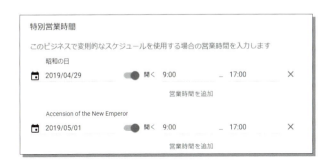

　ここでは、祝祭日や変則的な営業日に対する「特別営業時間」を編集できます。まずは直近の祝祭日が示されますので、その日は営業しないなら「定休日」、営業するのであれば「開く」にして営業時間を入力します。なお、この操作パネル最下部に「新しい営業日を追加」という文字があります。ここをクリックしてカレンダーから日付を選択することで、変則的な営業日を設定することができます。例えば「月曜日は通常、9時から17時までの営業だが、今度の月曜日は10周年記念なので8時から21時まで営業する」といった特別な営業時間を設定することができます。

第2章 店舗情報を効果的に掲載する方法

12 問い合わせ先を登録する

★ 「電話番号」を編集する

「情報」メニューの画面中央部で、電話番号が表示されているところの右側「鉛筆」マークをクリックします。

ここでは「電話番号」を編集できます。電話番号は3つまで登録することができますので、「代表電話番号」と「予約専用電話番号」、「問い合わせ専用ダイヤル」などを分けて用意しているお店は別々に入力しておくと良いでしょう。

★ 「URL」を編集する

「情報」メニューの画面中央部で、「ウェブサイト」と表示されているところの右側「鉛筆」マークをクリックします。

ここでは「**自社ホームページや予約ページのホームページアドレス**」を追加できます。ホームページアドレスを掲載することは、Googleマイビジネスで接点を持った新規客に、**自社ホームページに来ていただくチャンス**になるわけですから、自社ホームページやブログを運営しているお店はぜひ「URL」の追加を行っておきましょう。なお「ウェブサイト」と「面会予約のURL」は、別々のホームページアドレスでも構いません。また場合によっては、「食べログ」など特定の**外部予約サービス**へのリンクが自動的に表示されることがあります。そうしたリンクはGoogleマイビジネス管理画面からは編集できません。

外部予約サービスが自動的にリンクされると、このように表示される

第2章 店舗情報を効果的に掲載する方法

13 店舗ページのURLを登録する

★ 「プロフィールの略称」を編集する

「情報」メニューの画面中央部で、「@」(アットマーク) が表示されているところの右側「鉛筆」マークをクリックします。

ここでは**店舗ページ (ビジネスプロフィール) のURLを短くする**ための設定ができます。もともと、Googleマップ上の各店舗のビジネスプロフィールには固有のURLが割り当てられています。例えば「https://goo.gl/maps/Cjf6jhAi2fh5sFi」(説明用の架空のURLです) のようになりますが、固有のURLとはいえ、規則性がなくて「覚えてもらう」のはちょっと難しそうですね。一方、筆者の事業所「ホームページコンサルタント永友事務所」ではGoogleマイビジネスで「プロフィールの略称」を設定しているので、以下のビジネスプロフィールURLになります。

▶ https://g.page/nagatomojimusho

プロフィールの略称を設定するメリットは、例えば、

▶ URLを名刺に入れる
▶ URLをチラシに記載する

などのときに表記しやすく、覚えてもらいやすいことが挙げられます。また将来的な可能性としては、例えばGoogleマップで「@nagatomojimusho」と検索しただけで「ホームページコンサルタント永友事務所」のビジネスプロフィールが表示されるようになるかもしれません。

48

第2章 店舗情報を効果的に掲載する方法

14 サービス（メニュー）内容を登録する

★「サービス（メニュー）」を編集する

「情報」メニューの画面中央部で、「サービス」と表示されているところをクリックします。なお、飲食業などの場合は「メニュー」という表記になる場合があるようですが趣旨は同じです。

ここでは「自社で提供しているサービスの詳細」を入力できます。コンサルティングの現場では、この「サービス」を空欄にしている事業所様が非常に多い印象を受けます。これは極めてもったいないと思います。

第1章から繰り返し、「Googleマイビジネスでは『ぱっと見の3軒』に入ることが重要であり、そのためには『お店の正確な情報を』『ふんだんに』入力しておくことがポイント」というお話をしています。すでに見てきた「ビジネス名」「カテゴリ」をはじめ、「ビジネス拠点」や「営業時間」の入力では、そ

れらをしっかりと入力したならば、情報量としては他店とあまり差がつかないはずです。一方、この「サービス」という項目は、**自社取扱商品や提供サービスについて「ふんだんに」書けるチャンス**になります。と同時に、この項目をしっかり入力している事業所様が少なめの今、この箇所を入力することは非常にインパクトがあることと思います。

セクションとアイテムについて

「サービス」は、セクションとアイテムという項目で構成されています。実際に入力すると、それぞれ右図のように表示されます。

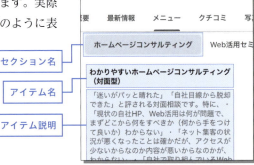

スマホで「サービス（メニュー）」を表示した画面

入力項目	概要
セクション名	大きなくくりでのサービスの分類です。140 字まで入力できます。 （例）寿司店の場合 ・会食
アイテム名	セクションに入る各サービス項目です。140 字まで入力できます。「アイテムの価格（JPY）」は入力しなくても構いません。後から追加することもできます。 （例）寿司店の場合 ・お食い初めのお食事会
アイテム説明	「アイテム名」で入力したアイテムの詳細説明です。1,000 文字まで入力できます。なお、アイテム説明にホームページアドレス（URL）を記載してもリンクを張ることはできません。 （例）寿司店の場合 ・『寿司屋』でお子様の『お食い初め』のお祝いお食事会はいかがですか？お宮参りとあわせてお祝いするご家族様も増えています。お座敷は椅子席で座りやすく、ゆったりおくつろぎいただけます。ご兄弟様用のお弁当もご用意できます。赤ちゃん用簡易ベッドやおもちゃもご用意しております。神社様からも徒歩圏内ですが駐車場もご用意しております。

「サービス」欄を編集する方法

手順❶ 「情報」メニューの画面中央部で「サービス」（もしくは「メニュー」）をクリックし、「セクションを追加」をクリックします。

手順❷ 「セクションを追加」「アイテムを追加」などの項目が表示されますので、それぞれ入力していきます。入力が完了したら、「追加」をクリックします。

手順❸ セクションやアイテムは表示位置を変更したり、削除したりすることができます。セクションもしくはアイテムの右に表示されている「⋮」マークをクリックし、「移動」もしくは「削除」をクリックします。

なお、この「サービス（メニュー）」に限りませんが、仕様が変わることはよくあります。実際の管理画面をよく見ながら、適宜編集を進めるようにしてください。

51

15 店舗の説明を登録する

★ 「ビジネス情報」を編集する

「情報」メニューの画面中央部で、「ビジネスの説明を追加」と表示されているところをクリックします。

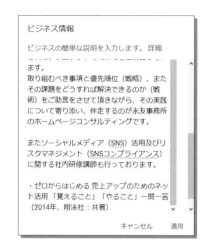

「ビジネス情報」はご商売全般についてPRする箇所です。750文字以内で入力できます。「元気いっぱい、笑顔で皆様をお迎えいたします」や「ぜひぜひご来店ください！！」「皆様にハッピーライフをお届けします」などの言葉はよくPRで使われますが、キーワード（語句）に具体性がなく、ここではあまり得策とはいえません。GoogleマップやGoogle検索上での露出を高めるためには検索語句と一致しやすい言葉を散りばめておくことが重要ですから、「検索されるであろうキーワード（検索語句）」を意識することが「ビジネス情報」を書く際のポイントです。

ご参考までに、「さつまや本店」様の「ビジネス情報」をご紹介します。検索されるであろうキーワードなども意識し、また文字数も十分で、とてもうまい書きかたであると思います。

「さつまや本店」様のビジネス情報

『やさしい和食寿司屋でありたい』

昭和30年創業のさつまや本店は地元のお客様のご愛顧のお陰で藤沢市内では一番古い寿司屋です。

一人前990円からプロの職人の味、特に寿司シャリ（酢メシ）の美味しさを楽しめる敷居の低い、地域密着型。

創業昭和30年、戦後お弁当屋として開業した「さつまや」は時代の流れと共に1955（S.30）年の株式会社設立。

1969（S.44）年に当時としては近隣で初めての3階建てのビルでした。

現在の自社ビルは南洲会館として「結婚式場」を併設。

その後は「宴会場」となり、バブル期以降は、ワンルーム不動産賃貸業を開始。

寿司以外に、丼物、和食、会席料理、鹿児島郷土風料理、薩摩揚げ、松花堂弁当などもございます。

「昼も夜も990円シリーズ10種類」はお財布に優しく、手作りの美味しさが味わえます。

2010年2月店内外装をリニューアルし、畳と襖、障子の座敷にはテーブルと椅子、52型のＴＶモニターを設置。

年配のお客様や小さなお子様連れのご家族様からも快適だとご好評です。

赤ちゃんには簡易ベッド、お子様連れでお越しの際はおもちゃやお絵描き帳、折り紙の貸し出しも。

旧東海道沿いにあり、近隣に寺や神社、歴史的なスポットも点在。

初宮参り、お食い初め、七五三、結納、お誕生会、慶事や法事後などのご会食のご利用も多数頂いています。

近隣の藤沢公民館等のサークル、また地域のＰＴＡや幼稚園、保育園関係、ママ友の会等の懇親会、ご宴会のご利用も。

『プロの寿司職人が教える寿司教室』は2009年よりのべ約8,000人の日本人・外国人が参加。

3歳から80代の初心者からレギュラーまで、楽しく美味しい寿司作り。

参加者随時募集中！

無料駐車場完備。

★ 「開業日」を編集する

「情報」メニューの画面中央部で、「開業日を追加」と表示されているところをクリックします。

ここでは貴店が開業した日を入力することができます。ただし現時点ではこの「開業日」はパソコン／スマホともGoogleマップ上では表示されない箇所なので、空欄でも構いません。

開業日

この住所で開業した日付、または開業する予定の日付を入力してください。これによりお客様のビジネスがユーザーの目にとまりやすくなります。詳細

| 2009 | 6月 ▾ | 1 ▾ |

年と月を指定してください

キャンセル　　適用

第2章 店舗情報を効果的に掲載する方法

16 登録した情報を店舗ページで確認する

　ここでは、管理画面から実際の店舗ページ（ビジネスプロフィール）を確認する方法をご紹介します。ただし、Googleマイビジネスで入力（修正）した情報はリアルタイムで反映されないこともありますので、ご注意ください。

★ 店舗ページを表示する

　GoogleマップやGoogle検索で自店の情報が現在どのように表示されているかを確認するには、Googleマイビジネスの管理画面の右側にある**「お客様のビジネスはGoogleに掲載されています」**というコーナーから見ていきます。「マップで見る」もしくは「Google検索で見る」をクリックすると、実際のGoogleマップやGoogle検索での貴店情報を確認することができます。

　もちろん貴店自らも、一般ユーザーと同じように、GoogleマップやGoogle検索で屋号、**「業種＋地域名」などで検索してみる**のもよいでしょう。

55

★ 検索方法によって表示される項目は異なる

ところで、同じ自店情報といっても、**Googleマップと Google 検索では、表示される項目が若干異なります**。例えば右図は神奈川県鎌倉市のセレクトショップ「MAR」（マル）様の例です。洗練された中にも、どこか心が和む品揃えで人気のお店です。まずは「Googleマップ」アプリで「MAR」と入力し、指名検索した場合の画面です。地図アプリだけあって、周辺地図が比較的大きめに掲載され、また「経路」というボタンが目立っています。

次は「Google」アプリで「MAR」と指名検索した場合の画面です。いわゆる「属性」（女性経営者、高く評価）がわかりやすく表示され、また「ビジネス情報」も掲載されています。2019年8月現在、**「ビジネス情報」は「Googleマップ」アプリには掲載されず、「Google」アプリからのみから確認できるようです**。

「どのような内容が表示されるか」は、Googleの仕様変更により今後変化

していく可能性が高いです。しかし、「一般ユーザーはどのように自店のことを調べるか、また、どのように表示されるのか？」について関心を持ち続けていただくことは、Webマーケティング、ひいては経営戦略上も重要であると思います。

検索結果画面から直接管理する

　Googleマイビジネスのアカウント情報でログインしている場合は、Google検索（指名検索）の検索結果画面から一部の項目を直接、管理できます。この機能を利用できるのは、ビジネスプロフィールのオーナーと管理者（P.171参照）のみです。詳しくはヘルプページ（https://support.google.com/business/answer/7039811）をご覧ください。

指名検索したとき、最上部にダッシュボードが表示される。もちろん一般のユーザーには表示されない

COLUMN 2

Google広告とは？

「Googleマイビジネスは無料で使えるツールです」と説明すると、中小企業経営者様から「Googleは、なぜ、このような高度なサービスを無料で提供しているのですか？（何か裏があるのでは…）」というご質問をいただくことも少なくありません。

端的にお答えすれば、「広告収入増を意図しているため」です。Googleのビジネスの大部分は「広告」でまかなわれています。多くのユーザー（店舗）が無料で使ったとしても、そのうちのごく一部でも「広告」を出すのであれば、それで収入がまかなえるという考えかたです。俗にいう「フリー戦略」です。つまり、広告を出し得る分母（＝店舗）の数を増やすことが「Googleが無料であってもGoogleマイビジネスを使わせてあげる」ことの狙いだと思います。

この図は、スマホの「Google」アプリで「相続相談　横浜」で検索したときの画面です（2019年6月現在）。繰り返しお話をしている「ぱっと見の3軒」の「さらに上」の一番目立つ位置に、広告を出した企業様が掲載されているのが確認できます。Googleに広告を出すサービスはそのまま「Google広告」といい、広告出稿は有料になります。Googleマイビジネスの管理画面で、「ホーム」メニューの画面上部にある「広告を作成」から、かんたんに出稿することができます。

広告を出した企業様は目立つ位置に表示される

第**3**章

ライバルに差をつける
「攻め」の運用テクニック

Section17	写真の掲載量／品質が集客の成否を分ける
Section18	写真の掲載と削除の基本
Section19	商品、外観、内観…　掲載すべき写真のパターン
Section20	カバーとロゴに最適な写真とは？
COLUMN3	Google マップに喜んでクチコミ／写真投稿をする人とは？
Section21	画像編集で写真を見栄えよくするには？
Section22	見栄えをよくするための加工方法
Section23	最新情報を発信できる「投稿」機能の強み
Section24	「最新情報」を投稿する方法
Section25	「イベント」「クーポン」「商品」を投稿する方法
Section26	投稿の効果を得続けるための工夫
Section27	Google マイビジネスの「ウェブサイト」の使いかた
Section28	「ウェブサイト」を編集する方法

第3章 ライバルに差をつける「攻め」の運用テクニック

17 写真の掲載量／品質が集客の成否を分ける

まずは、この写真をご覧ください。

これは、とある街にてパソコンのGoogleマップで「美容室」と検索したときの、とある美容室様の「メイン写真」です。殺風景で、シャッターも閉まっており、どこに美容室があるのかわかりません。Googleマップの中には、この写真のように「誰が撮ったかわからないような、街中の写真」がメイン写真として掲載されているケースが少なくありません。これは「ストリートビュー」と呼ばれるもので、Googleが特別な車両で街中を走り、360度撮影できるカメラで撮影・公開したものです。

すでにお話ししたように、Googleマイビジネスの「オーナー確認」をしていないお店もまだまだ多い状況です。そしてオーナー確認が済んでおらず、ユーザーからも写真が投稿されていないお店の場合は、間違いなくメイン写真としてこの「ストリートビュー」が入ってしまっているのです。

この画面でも「このお店は、この道沿いにあるのか」という情報提供はできます。しかし、あまりに殺風景で、また場合により「数年前の現場」が写っていたりして、お客様に誤解を与える可能性もあります。

★ 写真で他店に差をつける

さてここで、第1章に立ち返ってみましょう。

写真を追加

リスティングに写真を追加すると、商品やサービスに焦点を当てることができ、ビジネスの内容を紹介しやすくなります。的確で訴求力のある写真を掲載すれば、求めている商品やサービスがあることを見込み顧客にアピールできます。
（引用：https://support.google.com/business/answer/7091）

Googleは、Googleマイビジネスのリスティング（店舗情報）の掲載順位を向上させるために「的確で訴求力のある写真を掲載しましょう」と述べています。Googleマイビジネスに訴求力ある写真を掲載し、かつ「ふんだんに」掲載する（写真を増やす）ことで、Googleマップで新規顧客と出会うチャンスが増大します。

そして名称や所在地といった一般的な項目では他店と差がつきにくいところ、「写真」はいかようにでも増やすことができるので、「写真」投稿に手間をかけていくことがとても重要なのです。Googleマップの店舗情報は、他店のものであっても見ることができます。同業他店がどのような写真を掲載し、またそこにはどのような意図があるかを考察してみましょう。

公道ストリートビューの写真は差し替えできない

「当店の公道ストリートビューの風景は数年前のもの。これを差し替えできないか？」と質問をいただくことがあります。気持ちはお察ししますが、Googleは特定のリクエストを優先して撮影に来てくれるわけではありません。この場合は、オーナー確認後に、新しい写真をたくさん掲載したほうが良いのでは、とご提案しています。これは、初期設定のストリートビュー写真よりも、オーナーが提供した写真のほうが優先して表示されることが多いからです。

第3章 ライバルに差をつける「攻め」の運用テクニック

18 写真の掲載と削除の基本

★ 「写真」欄の使いかた

　Googleマイビジネスの「写真」欄の使いかたを見ていきましょう。Googleマイビジネス管理画面の左側から**「写真」メニュー**をクリックすると、「概要」「オーナー提供」「ユーザー撮影」「360」「動画」「店内」「外観」「職場」「チーム」「ID情報」というタブが表示されます。

　このタブ（写真のカテゴリ）は業種によって異なります。例えば飲食店の場合は、「職場」「チーム」というカテゴリはなく、「料理、飲み物」「雰囲気」「メニュー」というカテゴリがあります。**写真のカテゴリは自由に新設することはできません。**

　なお、オーナー側が追加した写真は「オーナー提供」、一般ユーザーが投稿した写真は「ユーザー撮影」のカテゴリに保存されていきます。

★ 写真を掲載する方法

手順❶ それでは、オーナーとして写真を追加する方法をお伝えします。まずは写真を追加したいカテゴリを選びます。

手順❷ 次に、選んだカテゴリにて青い「+」マークをクリックします。

手順❸ すると、このようなパネルが開きます。「パソコンから写真や動画を選択」をクリックします。

手順❹ 「ファイルのアップロード」(もしくは「開く」など)という小窓が表示されますので、任意の写真を選び、右下の「開く」をクリックすると写真がアップロードされます。

写真の最適なサイズ／形式とは？

　クライアント様やセミナー受講者様からよくいただく質問として、「どれくらいの大きさの写真を用意すべきですか」というものがあります。Googleマイビジネスのヘルプページ（https://support.google.com/business/answer/6103862）によれば、「以下の基準を満たす写真が最適」とのことです。

▶形式：JPGまたはPNG
▶サイズ：10KB〜5MB
▶最小解像度：縦720px、横720px
▶品質：ピントが合っていて十分な明るさのある写真を使用します。大幅な加工や過度のフィルタ使用は避けてください。雰囲気をありのままに伝える画像をお選びください。

　わかりやすく考えるのであれば、「スマホで撮った写真」が最適であると思います。もちろん、プロのカメラマンに撮ってもらった写真を掲載することもできます。それこそ、Google検索やGoogleマップ検索で「出張撮影」などでカメラマンを探してみるのも良いでしょう。

★ 掲載した写真を削除する方法

　オーナーの立場で掲載した写真は削除することができます。なお、よくいただく質問として「写真の位置（順番）は変更できますか？」というお声がありますが、残念ながら写真の位置は変更できません。

手順❶ 「写真」メニューの「オーナー提供」をクリックし、削除したい写真をクリックします。

手順② 写真が大きくなりますので、画面右上の「ゴミ箱」マークをクリックします。

手順③ 「削除」をクリックします。一度削除すると元に戻せないので注意してください。

★ ユーザーが掲載した写真は削除できる？

　貴店のGoogleマイビジネスに、ユーザーが写真を投稿することがあります。これを削除する方法はあるのでしょうか？残念ながら直接的に削除する方法はありません。しかしユーザーが掲載した写真が**Googleマップの「写真に関するポリシー」**に違反している場合は、**その写真の削除をリクエスト**できます。「写真に関するポリシー」とは、

▶その場所での実体験に基づいている必要がある
▶わいせつ、冒涜的、不適切な言葉やジェスチャーを含むコンテンツではない
▶違法な内容ではない
▶虚偽の内容ではない

などです。これに反すると思われる場合は、当該写真の右上、「フラッグ」（旗）マークをクリックして削除申請が行えます。繰り返しになりますが、これは削除の「リクエスト」であって、ダイレクトに「削除」することはできません。削除される保証はないので、基本的には**「オーナー側からの写真を増やす」**ことで、**当該（ユーザーからの投稿）写真が閲覧される可能性を低下させる**のが現実的です。

第3章 ライバルに差をつける「攻め」の運用テクニック

19 商品、外観、内観…掲載すべき写真のパターン

　それでは、Googleマイビジネスにはどのような写真を掲載すべきでしょうか？筆者は以下のように考えています。

お店の外観

　初めてのお客様は、**外観（外から見た建物外観、看板）を頼りに訪問する**でしょう。ですので、改めて「外から見た建物外観」「看板」写真を撮って掲載したいですね。細かいことですが、入り口に段差があるのかどうか？は結構重要です。

　さつまや本店様は、モダンな外観の写真を掲載しています。「藤沢宿」（東海道五十三次の6番目の宿場）にあることを示すタペストリーが印象的です。また入り口に段差がなさそうなこともわかり、ベビーカーでも入店しやすそうなことがわかります。

客席全体

　初めてのお客様は、その客席全体の写真から、**ベビーカーは入れそうか？宴会はできそうか？などを判断する**ことでしょう。また、格調高いのか？庶民的なのか？といった**お店の雰囲気**も判断すると思います。個人的な話で恐縮ですが、筆者は右膝が悪く、畳と座布団の座敷に座って長時間食事をすることが難しいです。ですので、Googleマップで飲食店を探す際、特に宴会の場合は、店内写真をくまなく見て、掘りごたつかどうか？を非常に注意深く確認しています。逆に、掘りごたつかどうか確認できない飲食店は、候補から外しています。

　さつまや本店様の写真では、「テーブル、椅子席」の座敷であることがわかります。また部屋の奥にモニターがあり、謝恩会・送別会でDVDを流すなど有効に活用できそうです。

商品の写真

　オーナーではなく一般ユーザーも貴店のGoogleマイビジネスに写真を追加できてしまいます。そのお客様が撮影上手なら良いですが、そうでなければ、なんとなく、いただけない感じの写真が掲載され続けてしまいますね。イメー

ジの問題に直結しますので、せっかくなら良い商品写真を撮りましょう。料理の写真の場合は、基本的には真上からではなくナナメの構図で撮ると良いでしょう。

　さつまや本店様は、戦後にお弁当屋さんとして開業したのが始まりです。今でもお寿司だけでなく天丼、カツ丼、鹿児島郷土風料理なども提供されています。ナナメの構図で撮られた明るい写真には、食欲をそそられます。

　なお、ここでは飲食店を例に説明していますが、飲食店における店内写真や料理写真のような「もっとも重要なPR写真」については、「初めてお店を訪問しようとするお客様」をイメージしながら撮影し、掲載いただければと思います。筆者はこれを「『お店の当然はお客様には新鮮』の法則」と呼んでいます。例えばエステ台が2台ある化粧品店様は、それがお店様にとっては当然であっても、

　「えっ！化粧品を買うだけでなくフェイシャルエステもできるの？」
　「えっ！一人だけではなく二人同時にエステができるの？（友達を誘ってみよう…）」

など、特に新規のお客様には非常に新鮮な驚きになるかもしれません。

　「こんなことは、地域のお客様はみんな知っているだろう…（だからあえて撮影しなくてもよいか）」
　「この商品は、昔から置いてあるからみんな知っているだろう…（だからあえて撮影しなくてもよいか）」

ではなく、くれぐれも「初めて貴店を訪れようと思っている」お客様をイメージしながら、写真掲載を進めていきましょう。

駐車場の写真を撮る

　クルマで訪問するかたは、カーナビなどを見るにせよ、最終的には「駐車場看板」を目標にするはずです。駐車場の写真を掲載すると、お客様にとってはとても親切ですね。

スタッフの写真を撮る

　ネットでは「人気」が大事です。「人がいる感じ」のある写真は、見る人に親しみやすさを感じさせます。

　なお、Googleマイビジネスのヘルプページ（https://support.google.com/business/answer/6123536）には、上記それぞれの種類の写真について「少なくとも3枚掲載しましょう」と書かれていますが、実際にはそのカテゴリの写真がまったくなくても問題はありません。例えば筆者は個人事業所であり「チームの写真」などが掲載し得ないのですが、Googleマイビジネスの情報が削除されたり、掲載不可になったりするわけではありません。いずれにしても、お客様へのPRになる写真を「1枚でも多く」掲載することを目標にしましょう。

第3章 ライバルに差をつける「攻め」の運用テクニック

20 カバーとロゴに最適な写真とは？

「写真」メニューの「ID情報」では、「カバー」「ロゴ」という目立つ写真を登録することができます。

「写真」メニューの「ID情報」画面

「カバー」に登録した写真は、店舗情報のもっとも目立つ位置に表示されることが多く、「ロゴ」に登録した写真は、スマホで見たときのスポット名称の、右側の丸いアイコンになります。

いずれも自店の印象をアップさせ、ユーザーに自店を覚えてもらうための重要な写真です。楽しみながら工夫して、最適な写真を掲載しましょう。変更は何度でも行えます。

★ カバー写真の選びかた

「カバー」は、自店の店舗ページにて「ぱっと見」で表示される可能性が高い写真のため、**必然的に閲覧される数がとても多くなります**。ですので例えば、

▶ 単に店主が棒立ちの写真
▶ 単に看板を大写しにした写真

などは、カバー写真としてはややもったいないように思います。

▶ 温泉旅館であれば、自慢の露天風呂や名物料理、風情ある外観
▶ マツエク店やネイルサロンであれば、素敵な施術写真
▶ 革製品修理店であれば、修理のビフォーアフターを加工した写真

など、自店の価値をもっとも伝えられる写真をカバーに選びましょう。季節ごとに変更するのも面白いと思います。

なお、自店がカバー写真を登録しても、稀にユーザーが投稿した写真が「もっとも目立つ写真として」掲載されることがあります。この点、厳密に制御することはできませんのでご了承ください。

★ ロゴ写真の選びかた

「ロゴ」はアイコン的なもので、比較的小さいパーツになります。そのため、

▶ 多種多様なものが写っている、要するにゴチャゴチャした写真
▶ 看板、表札などの「文字」をメインにした写真

は不向きでしょう。それこそ、

▶ ロゴマーク
▶ 店主の顔写真

といった**シンプルかつインパクトのある写真**が最適です。

71

COLUMN 3
Googleマップに喜んでクチコミ／写真投稿をする人とは？

　先ほどから「一般ユーザーも貴店に写真を投稿してしまうことがある」とお話ししていますが、この「一般ユーザー」とは何者なのでしょうか？それは「Googleローカルガイド」のことです。

　　ローカルガイドは、Googleマップでクチコミを投稿したり、写真を共有したり、質問に回答したり、場所の追加や編集を行ったり、情報を確認したりするユーザーの世界的なコミュニティです。旅行の目的地、レストランやショップ、アウトドア施設やテーマパークなどを選ぶときに、多くのユーザーがローカルガイドのクチコミ情報を参考にしています。

　　　　（引用：https://support.google.com/local-guides/answer/6225846）

　Googleローカルガイドには18歳以上のGoogleユーザーなら誰でもなることができます。じつは筆者もその一人で、地元や出張先のスポットについて「クチコミ」や「評価」を行っていて、また、場合によって「写真や動画」を掲載しています。執筆時点で筆者は1831か所のスポットについてクチコミをしています。写真は382枚投稿し、その写真はのべ86万回以上閲覧されているようです。

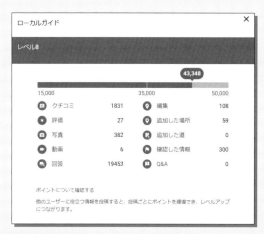

筆者のGoogleローカルガイド画面

では筆者はなぜ、ここまでクチコミを投稿するのでしょうか（ヒマだからでしょうか？）。はっきりと考えたことはありませんでしたが、改めて整理すると、以下のような気持ちからローカルガイドとして写真投稿などを行っています。

▶自分が訪れた場所について「写真」が少なそうであれば、それを投稿することで、新たに来訪する人の役に立ちたいな（情報不足を解消したい）
▶自分が撮り、掲載した写真がきっかけで来店などが増えればいいな（応援したいお店の写真投稿をよくします）
▶写真投稿やクチコミ投稿を行うとローカルガイドの「ポイント」がアップしていくので、それが楽しいな（ゲーム感覚）

つまり、「報酬を得る」などの直接的なメリットはないのですが、要するに「自己満足」で写真投稿を続けているのです。なお時折、Googleからローカルガイド宛に「ご褒美」のようなメールが届くことがあります。これがどこまでローカルガイドのモチベーションアップにつながっているかは不明ですが、Googleが「ご褒美」を示してまで、地域情報の収集に躍起になっていることがわかって興味深いです。

Googleのメンバーシップサービス「Google One」12か月無料オファーメールの例

第3章 ライバルに差をつける「攻め」の運用テクニック

21 画像編集で写真を見栄えよくするには?

　Googleマップに掲載されている店舗の「写真」を見るユーザーは、なんとなくネットサーフィンをしているわけではなく、「お店を選ぶ」という目的を持っていると考えてよいでしょう。要するに、**写真の雰囲気やクチコミで、「自分に相応しいか?」「行きたいお店か?」を選定している**わけです。その意味で、写真をより良く見せようとするのは、ご商売をされているかたの当然の発想でしょう。今のスマホはとてもきれいな写真が撮れるとはいえ、「より良く見せる余地」があればチャレンジすることをおすすめします。

★ 「Snapseed」アプリで加工する

　筆者は「Snapseed」(スナップシード)というスマホアプリ(iOS版／Android版)を日ごろから愛用しています。ここではSnapseedをダウンロードし、スマホで撮影した写真を加工する方法をご説明します。

手順❶ iPhoneの場合は「App Store」アプリ、Androidの場合は「Google Play」アプリをタップします。

手順❷ アプリ内の検索欄に「snapseed」と入力し、「検索」をタップします。

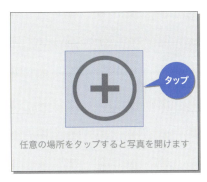

手順❸「Snapseed」アプリを見つけたら「入手」をタップします（iPhoneの場合）。Androidの場合は「インストール」をタップします。

手順❹ アプリを起動したら「+」マークをタップして、写真の参照を許可します。その後、カメラロール（Androidの場合は「ギャラリー」）の中から加工したい写真を選びます。

手順❺ 手間をかけず、簡単に見栄えを変更したいときは「効果」をタップし、「Portrait」「Smooth」「Pop」などの「あらかじめセットになった加工法」を当てはめると良いでしょう。例えば「Pop」の場合は、写真が明るく、色も鮮やかになります。

手順❻ 一方、細かく加工していきたい場合は「ツール」をタップします。それぞれの加工法を示すボタンが表示されますので、任意のものを選びます。ここではもっとも代表的な「画像調整」という加工法を例にお話しします。「画像調整」をタップしてください。

手順⑦ 写真の上で縦方向にゆっくりスワイプして編集メニューを表示します。

編集メニュー	加工でできること
明るさ	画像全体の明るさを変更します。
コントラスト	画像全体のコントラストを変更します。
彩度	画像の色の鮮やかさを変更します。
アンビアンス	コントラストにひねりを加えて、画像全体の明るさのバランスを調整します。
ハイライト	画像の明るい部分のみ明るさを変更します。
シャドウ	画像の暗い部分のみ明るさを変更します。
色温度	画像全体に暖かみのある、または冷たい色調を色かぶりとして追加します。

（Snapseedヘルプページ「https://support.google.com/snapseed/answer/6157802」をもとに作成）

手順⑧ 上記のうち何らかの編集メニューを選んだあとは、横方向にスワイプして加工していきます。右方向にスワイプすると「＋」の補正、左方向にスワイプすると「−」の補正がかかります。例えば「明るさ」を選んだあとで右にスワイプすると写真が明るくなり、左方向にスワイプすると暗くなっていきます。加工は組み合わせることもできます。

手順⑨ 加工が済んだら、画面右下のチェックマークをタップして作業を終えます。その後、画面右下の「エクスポート」をタップすると保存の案内が表示されます。原本と加工後の写真の両方を保存しておきたい場合は「コピーを保存」をタップしましょう。

第3章 ライバルに差をつける「攻め」の運用テクニック

22 見栄えをよくするための加工方法

★ 筆者おすすめの加工方法

　ところで筆者は個人的にInstagram（インスタグラム）をやっていますが、掲載している写真はすべてSnapseedで加工したものです。それでは、筆者おすすめの加工と、その加工順序、意図をご紹介します。

筆者のInstagram画面

手順❶　まずは「回転」を検討していきます。回転ボタンをタップすると「傾き調整」という画面になります。もともとの写真が傾いている場合は、ここで自動的に傾きを補正してくれます。特に建物など、縦横のラインがはっきり出てしまう写真は、傾いたままだと「失敗写真」のような印象になりかねません。ですので「回転」は地味ながらも重要な加工です。

手順❷　「切り抜き」を検討していきます。一部だけ切り抜く、というより、被写体の周囲に写り込んでしまっている"外側の要らないもの"をカットする、という意図です。切り抜きは「トリミング」ともいわれる、もっとも基本的な加工法です。

77

手順❸「画像調整」の「明るさ」を変更していきます。多くの場合、明るさを足していくと見栄え良い写真になると思います。ただし、すべての写真で明るくすれば良いわけではなく、「周辺減光」（手順❽参照）を使って被写体を印象深く浮き上がらせたい場合は全体の明るさを引いて（暗くして）いきます。なおすべての加工において、プラスもマイナスも「20」くらいまでが加工の限度かと感じています。それ以上大きく加工すると、"やりすぎ感"が出てしまうようです。

手順❹「画像調整」の「彩度」で鮮やかさを変更していきます。彩度を引くことはほとんどなく、足す方向で考えます。基本的には「＋10」前後で様子を見ます。「＋20」以上は鮮やかさが強くなりすぎて、かえって不自然になります。

手順❺「画像調整」の「ハイライト」で、明るい部分（白い部分）を強調していきます。やはり、白はハッキリ白く表現したほうが美しいようです。

手順❻「画像調整」の「色温度」を検討します。プラス（右方向）だと「暖色気味に」、マイナス（左方向）だと「寒色気味に」なっていきます。好みの問題ですが、一般的には食べ物はプラスに、また静物（ガラス類、小物類、建物など）は若干マイナスにすることが多いです。

手順❼ 「レンズぼかし」をしていきます。レンズぼかしは、被写体にフォーカスを当てる加工です。まずは、写真の中でフォーカスを当てたい部分に青丸を移動させ、円をピンチ操作（指2本でつまんだり広げたりする操作）して、ぼかしの範囲を決めます。そのうえで右にスワイプすると、ぼかしが強くなります。これも、やりすぎるとあまりにも不自然になりますので、ほどほどが良いでしょう。

手順❽ 「周辺減光」を検討していきます。周辺減光は読んで字のごとく、被写体の周辺（写真の外側）が暗くなる加工です。周辺減光をすると、逆に、被写体部分は明るく感じられるので、印象深い写真になります。

手順❾ 最後に「グラマーグロー」を検討していきます。グラマーグローは、Snapseedヘルプページ（https://support.google.com/snapseed/answer/6158226）によれば「柔らかい、華やかな輝きを画像に加えて、夢の中にいるような効果を与えます」とのことです。
わかりやすくいえば、やわらかく、少しだけ煌びやかで上品な感じが出る加工です。宝飾品や高級な料理などの写真には、このグラマーグロー加工はおすすめです。

　なお、Googleマイビジネスのヘルプ「写真のガイドライン」（https://support.google.com/business/answer/6103862）には「大幅な加工や過度のフィルタ使用は避けてください」と書かれています。ですので、**不自然に加工を強くしたり、あまりにも実際とかけ離れた色調、彩度にするのは避ける**ようにしましょう。

第3章 ライバルに差をつける「攻め」の運用テクニック

23 最新情報を発信できる「投稿」機能の強み

★ 「投稿」機能で他店と差をつける

　Googleマイビジネスは、店舗の情報を固定的に掲載することだけがすべてではありません。「投稿」という機能を使って、お店の「お知らせ」を発信することもできるのです。中小企業・店舗様がGoogleマイビジネスを活用するとき、もっとも違いが出やすいのは、この「投稿」機能であると思います。筆者の身の回りでGoogleマイビジネスを使い始める事業所様は増えてきましたが、この「投稿」機能を使ったことがない、もしくは知らないという事業所様はまだまだ多いように感じます。だからこそ、この本を手に取った貴店は、ぜひこの「投稿」機能を使って、いや、使い続けていただき、他店と差をつけていただきたいと願っています。

★ 投稿は、どこに掲載されるのか？

　貴店が投稿を行ったとき、それはどこに掲載されるのでしょうか？もっともシンプルなのは、貴店のビジネス情報の下、電話番号や営業時間などが掲載されている箇所の下です。ユーザーは、投稿された情報をクリックすると本文を読むことができます。

投稿をクリックすると、投稿の本文が表示される

後ほど触れますが、この本文には**「詳細」など
のボタン**をつけることができます。これはつまり、
**自社ホームページやブログ、LINE公式アカウン
トなどに誘導できる**ということです。
　一方、スマホでGoogleマップを見ているユー
ザーは、画面最下部に「周辺のスポット」「通勤」
「おすすめ」というタブが出ています。このうち
「おすすめ」タブをタップすると、Googleマッ
プがそのユーザーにおすすめできるスポットの情
報が出てきますが、この「おすすめ」という情報
欄に、貴店が投稿したものが掲載される場合があ
ります（そのユーザーと貴店の関連度が深い場合）。

「Googleマップ」アプリの
右下にある「おすすめ」タブ
に、投稿が表示される場合も
ある

　いずれにしても、貴店に関心が高いかた、また
は貴店に類似するビジネスをマップで探している
かたに「投稿」を見せてPRすることができるわ
けですから、積極的に使っていただきたいと思います。なお、この「投稿」は、
パソコンで「貴店名」でGoogle検索したときに右側に出る**「ビジネスプロフ
ィール」欄にも掲載**されます。

投稿した情報は、Googleで指名検索（P.26）したときの「ビジネスプロフィール」欄
にも掲載される

★ 投稿には必ずボタンを設置する

「投稿」機能を使っていくうえで、必ず実践していただきたいのが「ボタンを追加すること」です。Web文章の工夫は次の第4章で解説しますが、まずは**「文章の最後で特定のアクションに誘導する」**ということを強くおすすめします。

投稿をパソコン（左）とスマホ（右）で表示したときの画面。文末にはボタンを設置し、次のアクションに誘導するようにしたい

ボタンには、「予約」「オンライン注文」「購入」「詳細」「登録」「今すぐ電話」という6つの種類があります。「今すぐ電話」は、Googleマイビジネスに登録済の電話番号につながるようになっています。その他のボタンは、リンク先のWebページを「ボタンのリンク」という箇所に入力できます。

★ 投稿には4つの種類がある

　一口で「投稿」といっても、投稿には「最新情報」「イベント」「クーポン」「商品」の4種類があります。**基本的には汎用的な「最新情報」を使って投稿**し、特定のイベントを開催したり、クーポンを配布したい場合はそれぞれの種類を選択するようにしましょう。

「イベント」（左）や「商品」（右）など、投稿の種類に応じて、設定内容は少しずつ異なる

投稿の種類	概要
最新情報	もっとも汎用的な投稿です。セール情報や新入荷情報、旬な情報に限らず、お店からの「お知らせ」全般で使えます。お店にとって「ささいな」情報でも、新規のお客様には魅力的かもしれません。遠慮せずこまめに投稿しましょう。
イベント	催しについて告知します。イベント投稿を使って、催し以外にも、年末年始休暇やセール期間について告知する店舗様もあります。
クーポン	特典を提供します。「このスマホ画面を提示してくださったお客様限定」などとすることが多いようです。なお現場での混乱を避けるため、自社のスタッフにも、クーポンを発行している旨をしっかり周知しておきましょう。
商品	特定の商品をPRするために使います。ネットショップに誘導することもできます。商品写真は、できる限り鮮明でピントが合っている、魅力的なものを使いましょう。

　それでは次のページから「投稿」を作成する方法を見ていきます。

第3章 ライバルに差をつける「攻め」の運用テクニック

24 「最新情報」を投稿する方法

★ 「最新情報」を投稿する

「最新情報」というだけあって、この投稿は**掲載期間が「1週間」**となっています。しかし、投稿は常に表示させることが効果的なので、なるべく定期的に投稿するようにしましょう（P.88参照）。掲載期間終了が迫ると、Googleから「最新情報を継続的に発信しましょう」というメールが届くことがあります（メール通知を希望する設定の場合。P.128参照）。

手順❶ Googleマイビジネスの左メニューから「投稿」をクリックすると、画面上部から投稿の種類を選択できます。今回は「最新情報を追加」をクリックします。

手順❷ カメラのアイコンをクリックすると写真を追加できます。写真は幅400ピクセル、高さ300ピクセル以上の解像度が必要です。スマホで撮った写真であれば、通常それ以上の大きさになるので大丈夫です。

手順❸ 次に「投稿を入力」という箇所に文章を入力します。1500文字まで入力できます。この文章の中では、URLを記載することでリンクを張ることもできます。

手順❹ 「投稿を作成」という小窓の下部に「ボタンの追加」という箇所があります。ここでボタンを選択し、Googleマイビジネス以外の媒体にリンクで誘導していきましょう。ここでは「詳細」を選択します。

手順❺ 「ボタンのリンク」という欄に、リンクしたいページのアドレス（URL）を入力します。

手順❻ すべての設定が完了したら、右下の「公開」をクリックすると、すぐに投稿が公開されます。

第3章 ライバルに差をつける「攻め」の運用テクニック

25 「イベント」「クーポン」「商品」を投稿する方法

★ 「イベント」を投稿する

イベントを告知する場合は、管理画面の「投稿」メニューから「イベントを追加」をクリックします。「最新情報」の投稿は掲載期間が1週間ですが、「イベント」は指定した期間はずっと掲載されます。その他の「最新情報」との違いは以下のようになっています。

▶イベントのタイトルを入力すること（入力必須）
▶イベントの期間や時間を追加できること

イベントというと、大人数で音楽をかけながらワイワイすることをイメージしがちですが、

▶セール（売り出し）
▶キャンペーン
▶特定期間の変則的な営業時間の事前告知

なども、この「イベント」投稿で発信してよいでしょう。

★ 「クーポン」を投稿する

クーポンを投稿する場合は「特典を追加」をクリックします。「クーポン」も指定した期間はずっと掲載されます。「最新情報」との違いは以下の通りです。

▶クーポンのタイトルを入力すること（入力必須）
▶クーポンの有効期間や利用可能時間を追加できること
▶「クーポンコード」「特典利用へのリンク」「利用規約」（いずれも省略可）を記載できること

神奈川県内の、とある街の鍼灸治療院様では、ここで掲載する「クーポン」（初診料割引）を持参するかたが非常に多いとおっしゃっていました。また同じく神奈川県内の、とある街の生花店様では、このクーポン機能で「ホームページ（Googleマイビジネス含む）を見たかたへの特典」として10%オフクーポンを掲示していて、非常に多くのかたがこのクーポンを利用しているとのことでした。これらの実例からも、Googleマイビジネスは我々事業者が想像しているよりも新規客に「よく見られている」と考えて良いでしょう。

★ 「商品」を投稿する

　商品そのものを投稿してPRする場合は「商品を追加」をクリックします。「最新情報」との違いは以下のようになっています。

▶写真もしくは動画の掲載が必須であること
▶商品／サービス名を入力すること（入力必須）
▶価格（価格帯）を追加できること

　なお「商品」を投稿する際には以下の注意があります。Googleマイビジネスヘルプから引用しますので、あらかじめ確認しておきましょう。

　　　商品エディタで送信する商品は、投稿コンテンツに関するポリシーに準拠する必要があります。アルコール、タバコ関連商品、ギャンブル、金融サービス、医薬品、未認可のサプリメント、健康機器、医療機器といった規制対象の商品やサービスに関連するコンテンツは禁止されています。
　（引用：https://support.google.com/business/answer/7213077）

第3章 ライバルに差をつける「攻め」の運用テクニック

26 投稿の効果を得続けるための工夫

★ 投稿は常に表示させておきたい

投稿は「最新情報」で行うのが基本ですが、「最新情報」は掲載から1週間経つと自動的に表示されなくなってしまいます。そのため、**投稿の効果を得続けるためには繰り返し投稿することが大切**になってきます。しかし、コンサルティングの現場では「1週間ごとに投稿ネタを考えたり、新しい情報を探したりするのが大変だ」などのお声をいただくことがあります。大変もっともなことだと思います。そこで、ここではなるべく楽に投稿し続ける方法として「投稿をコピーして手間を省く方法」をご説明します。「投稿ネタを増やす方法」はP.181で紹介していますのでご参照ください。

★ 投稿をコピーして手間を省く方法

投稿を繰り返す方法として一番楽なのが、**既存の投稿と同じ内容を改めて投稿すること**です。仮に従来から繰り返し伝えている話題だとしても、「投稿」を続けることのほうが重要だと心得ましょう。なお、執筆時点でパソコン（ブラウザ）版のGoogleマイビジネスには「投稿コピー」の機能は備わっていません。スマホアプリ版のGoogleマイビジネスを使ってコピーし、投稿します。

手順❶ Googleマイビジネスのアプリを開き、「プロフィール」→「投稿」の順にタップして、コピーしたい過去の投稿を表示します。投稿の右上「！」マークをタップします。

手順❷ 投稿の詳細画面が表示されます。画面中ほどに表示されている「コピー」をタップします。

手順❸ その投稿記事が貼り付けされた状態の投稿作成画面になります。もともとの投稿の「写真」は残念ながらコピーできませんので、写真か動画を任意で追加して「公開」をタップすると投稿が完了します。

第3章 ライバルに差をつける「攻め」の運用テクニック

27 Googleマイビジネスの「ウェブサイト」の使いかた

★「ウェブサイト」の公開も施策の一つ

　Googleマイビジネスには「ウェブサイト」という編集メニューがあります。「ウェブサイト？ホームページ？いやあ、当店はもうホームページがあるしなあ…」とお思いの経営者様、その通りです。Googleマイビジネスの「ウェブサイト」という機能は、表向きは「無料でホームページが作れます」というものです。実際、Googleマイビジネスのオーナー確認をしているならば、**スマホ対応の「ウェブサイト」を無料で簡単に手に入れることができます**。

無料で作成できるGoogleマイビジネスの「ウェブサイト」。画面は筆者のページ（https://ichironagatomo.business.site/）

　もし貴店が「今までホームページを作ったことがないし…ホームページが無料でもらえるのであれば、いただいておこうかしら」ということであれば、P.92からの手順でウェブサイトを編集していきましょう。費用はかかりません。一方、「すでに自社ホームページがあるけど、この『ウェブサイト』は要るの？要らないの？」という経営者様には、「この『ウェブサイト』を広く周知していくかどうかは別にして、**作ったうえで公開したほうが良い**です。作成自体は

90

ものすごく簡単です」とご提案しています。

　繰り返しお伝えしていますが、Googleマイビジネスで迷ったら第1章に立ち返っていただきたいと思います。

・詳細なデータを入力

　ローカル検索結果は、検索語句との関連性が十分に高いものが表示されるため、ビジネス情報の内容が充実しているほど、検索語句と一致しやすくなります。必ずすべてのビジネス情報をGoogleマイビジネスの管理画面に入力して、ユーザーにビジネスの内容、所在地、営業時間が表示されるようにします。入力する情報は、実際の住所、電話番号、カテゴリなどです。ビジネス情報は必ず最新の状態を保つようにしてください。

（引用：https://support.google.com/business/answer/7091）

　Googleは「お店の正確な情報を」「ふんだんに」入力しておくことが、マップで検索されたときに貴店情報が出て来やすくなる方法だ、と明言していました。つまりこの「ウェブサイト」も含め、しっかりと情報入力をしておくことが、リスティング（マップ上の貴店掲載順位）を向上させるための重要な施策となるのです。

完成した「ウェブサイト」の活かしかた

　Googleマイビジネスにおける「ウェブサイト」は極めて簡易的なものです。現時点では、作成できるページ数も「1ページのみ」です。もちろん、これまでホームページをお持ちでなかった事業者様にとっては良い機能だと思います。固有のURLをチラシや名刺に入れることも可能です。

　しかしすでに自社ホームページをお持ちの事業所様は、この「Googleマイビジネスのウェブサイト」をことさらお客様にPRしなくても良いでしょう。基本的に「Googleに対するアピール」だと割り切りって良いと思います。また「概要の本文」には外部ページへのリンクを張ることができるので、ウェブサイトは「既存ホームページなどへの"リンク元"」と割り切っても良いでしょう。

第3章 ライバルに差をつける「攻め」の運用テクニック

28 「ウェブサイト」を編集する方法

　「ウェブサイトを編集する」といっても、じつは第2章でお伝えした「情報」メニューの整備が済んでいれば、**そのほとんどは「完成」に近くなっています。**「所在地」「電話番号」「営業時間」などは、自動的に掲載されますし、「情報」メニューで情報を変更するとウェブサイトの当該箇所も自動的に変わります。また、「写真」に掲載したものも自動的にこのウェブサイトに反映されていきます。とても便利ですね。追加的に手を加えるのは、**「テーマ」「編集」「その他」の部分**です。順に見ていきましょう。

★ 「テーマ」を編集する

　「テーマ」は、「色の雰囲気」のことだと思ってください。レイアウトは同じです。**貴店の雰囲気**や、**お客様に抱かせたい印象**から考えてテーマを決めていきましょう。変更は後から何度でも行えます。

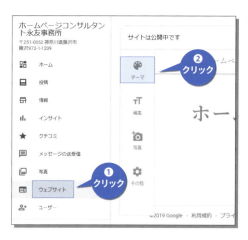

手順❶ 管理画面の左メニューから「ウェブサイト」をクリックし、編集画面にある「テーマ」をクリックします。

手順② 10種類の「テーマ」が表示されますので、適していると思われる「テーマ」を選びます。最後に「チェック」マークをクリックして確定します。

手順③ なお実務上は、ウェブサイトの編集中でも「公開」してしまうことをおすすめしています。画面右上の「公開」をクリックすると、ウェブサイトが公開（ネット上にオープン）されます。

手順④ そのうえで、改めて右上の「サイトを表示」をクリックすると、実際のウェブサイトがブラウザの別ウィンドウで表示されます。これで見ためを確認しながら編集していくほうが、やりやすいと思います。

★ 文字情報を編集する

　ウェブサイトの一番上に表示される「ヘッドライン」や「説明」など、文字情報のすべては「編集」から手直しをしていきます。「編集」をクリックすると各種入力欄が表示されるので、入力したい項目をクリックし、それぞれ編集を行っていきます。

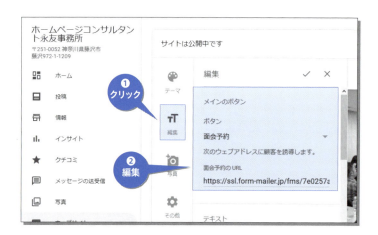

メインのボタン

　「メインのボタン」はページの上部に表示されるボタンです。何らかのボタンを選び、「チェック」マークをクリックして確定します。筆者は「面会予約」というボタンにしています。なお、このような具体的行動を促すボタンは「アクションボタン」と呼ばれます。

● 「メインのボタン」の種類

ボタン名称	ボタンの挙動
今すぐ電話	ユーザーがこのボタンをクリックすると、ビジネス（事業所）に直接電話がかかります。
お問い合わせ	ユーザーの名前、電話番号、メールアドレス、メッセージを、メールで事業所に送信します。
ルートを検索	ユーザーがこのボタンをクリックすると、Googleマップが開いて店舗までのルートが表示されます。
見積もりを依頼	このボタンをクリックすると、ユーザーが事業所のサービスについて問い合わせるためのフォームが開きます。ユーザーから問い合わせがあると、通知メールが届きます。
面会予約	指定したURLにリンクします。予約フォームなどのページを指定しましょう。
メッセージを送信（SMS）	このボタンをクリックすると、電話番号にSMSメッセージが送信されます。SMSメッセージを受信できる携帯電話番号であることをご確認ください。メッセージ料金とデータ通信料金が適用される場合があります。
メッセージを送信（WhatsApp）	このボタンをクリックすると、WhatsAppメッセージが携帯電話番号に送信されます。メッセージを受信するため、WhatsAppがインストールされていることをご確認ください。

（Googleマイビジネスヘルプ「https://support.google.com/business/answer/7178589」をもとに作成）

ヘッドライン

「ヘッドライン」はウェブサイトの中でもっとも大きい文字で表示される箇所です。

80文字まで入力できますが、80文字だと次図のように見えます（パソコンのブラウザで見た場合）。ぱっと見がすべて文字になり、大げさすぎる印象も

あります。ヘッドラインは10〜20文字程度にするのがちょうど良いでしょう。

説明

「説明」は140文字まで入力できます。ヘッドラインの下、アクションボタンのすぐ上に表示される箇所です。

この「説明」欄を「キャッチコピー」と考えるか、「ある程度長く説明できる箇所」と考えるかは人それぞれです。正解、不正解はありません。ただし、はっきりしているのは「ビジネス名称＋説明欄の文字」が、このウェブサイトのページタイトルになることです。

ページタイトルは、ブラウザの「タブ」にマウスカーソルを当てると確認できる

検索エンジン対策（SEO）の常道として、「ページタイトルにターゲットキーワードを入れる」というのは聞いたことがあるかもしれません。したがって、この「説明」欄では、**できれば検索でヒットしてほしいキーワード」をしっかり入れる**ことがもっとも重要なポイントです。例えば実店舗などの「市町村名を含んで検索される可能性が高いご商売」は、必ず市町村名を入れるようにしましょう。逆に、

▶当店のサービスでワクワクハッピーライフを実現
▶皆様のお越しをスタッフ一同笑顔で心よりお待ち申し上げております

など、「新規客が検索しないような言葉」を用いて「説明」欄を構成するのは非常にもったいないと思います。

概要のヘッダーと本文

　「概要のヘッダー」と「概要の本文」はウェブサイトの下部に表示されます。「概要のヘッダー」は40文字まで記入できます。省略することもできますが、ここに記入した文字も検索対象になり、またGoogleに対するアピールにもなりますので省略せず記入しましょう。

　「概要の本文」は何文字まで入力できるか不明ですが、確認した限りでは7680文字までは入力できます。この「概要の本文」は**リンクを張ることができる**のが最大の特徴です。文字を入力した後、その文字をドラッグして選択し、「リンク」ボタンをクリックしてリンク先のURL（ホームページアドレス）を入力し、「OK」をクリックします。

　「概要のヘッダー」「概要の本文」ともにウェブサイト下部に表示されるものではありますが、繰り返しお話をしているように**Googleマイビジネスに記入する文字がGoogleへのアピールになる**ことを念頭に、しっかりと入力していただきたいと思います。

★ 「写真」を編集する

　ウェブサイトにおいて「写真」というコーナーがありますが、実態としてはGoogleマイビジネスそのものの「写真」メニューと同じものです。

　Googleマイビジネスの「写真」で「カバー」として指定した写真が、自動的にウェブサイトの「ヘッダー写真」になります。ウェブサイトには「ヘッダー写真」とは別に、Googleマイビジネスの「写真」メニューに入れた**直近の9枚までが自動的に表示**されます。

第4章

「投稿」機能で活かしたい
Webライティング術

Section29	お客様目線の Web ライティング術
Section30	「自分事」にしてもらうためのテクニック
Section31	「共感」してもらうためのテクニック　内容編
Section32	「共感」してもらうためのテクニック　表現編
Section33	「不安と疑問を解消」してもらうためのテクニック
Section34	「アクション」を起こしてもらうためのテクニック
COLUMN4	「お店の特徴を表す言葉」を繰り返し伝える

第4章 「投稿」機能で活かしたい Webライティング術

29 お客様目線の Webライティング術

★ 新規客に行動を起こしてもらうために

これまで見てきたように、Googleマイビジネスの「投稿」機能は「お知らせを見ていただき、お客様に行動（直接来店やブログなどへのアクセス）をしていただく」ためのものでした。**では、「投稿」さえすればお客様に行動していただけるのでしょうか？** この点は残念ながら、上手くいくお店とそうでないお店に分かれてくるでしょう。

筆者は18年間、「中小企業Web活用の現場」にいますが、Web活用で上手くいっている中小企業・店舗様は以下の「4つのポイント」を外さず実践できていることを見つけました。

4つのポイントを実践できれば、お客様を「行動」へと導くことができる

せっかく時間と手間をかけて行うGoogleマイビジネス活用ですから、なるべく「成果」につなげたいですよね。ここでは、**新規客にピン！と来ていただくための「Web文章表現のテクニック」** をいくつかご紹介します。これらのテクニックは、すべてを一つの文章に対して使うのではなく、ご自身で書いた

文章に テクニックを追加していけそうならば追加する という使いかたがおすすめです。また、文章表現のテクニックなので、Googleマイビジネス以外でも「ホームページ」「ブログ」「SNS投稿」のときにも使えるテクニックです。難しく考えず読み進めて、そして実際に試してみてください。

 お客様目線を養う方法

「お客様目線」の考えかたは、職歴が長い店長様などは得意かもしれませんが、新しく入ったスタッフのかたにとっては簡単ではないかもしれません。ここではお客様目線を養う方法として、2つの取り組みをご提案します。

▶初めて利用したサービスで、感じたことを書き留める

スタッフのかたも、ひとりの消費者という側面があります。「どこかのお店に初めて入った」「あるいは何かのサービスを初めて申し込んだ」というときこそ、「初めてのお客様」が感じる疑問や不安をよく体験できるチャンスといえます。

ところで「ミニランドセル」という商品（サービス）をご存知でしょうか？これは、使ったランドセルを分解してミニサイズのランドセルにリメイクし、思い出の品にしてくれるという素敵な商品です。例えばですが、「ミニランドセル」で検索して、出てくる数社のホームページを見比べてみてください。ご自身がどんなところで「この会社に依頼したいな」「この会社に依頼するのはちょっと…」と判断したか、それを書き留めると面白いと思います。

▶お客様が使う「言葉」に注目する

お客様が使う言葉と、お店（売り手）が使う言葉が違うことはよくあります。お客様はなぜその言葉を使うのか？誤解なのか？まだ知識がないのか？など、「使っている言葉」を起点にお客様に想いを馳せてみましょう。こちらも、お客様目線を養うためのよい訓練となります。

第4章 「投稿」機能で活かしたい Webライティング術

30 「自分事」にしてもらうためのテクニック

★ PR対象者を2段階以上に絞って伝える

　まずご提案したいのは、「自分のこと！と感じさせるためにPR対象を少なくとも2段階以上に絞る」という考えかたです。ネットユーザーは忙しく、テキパキと情報収集をしているので「自分に関係なさそう」と感じる情報には目もくれません。だからこそ、「他でもない、あなた宛ての話ですよ」ということを、情報発信の冒頭や本文中で伝える必要があります。貴社は、どのようなお客様に利用されていますか？どんなお客様に来店いただきたいでしょうか？「全国の皆さん」などの大まかなPRではなく、

▶︎ ○○するときに▲▲なかたへ
▶︎ ○○したい、でも▲▲なかたへ
▶︎ ○○、かつ▲▲なかたへ

など、「少なくとも2段階以上に絞ってPRする」ことをおすすめします。Googleマイビジネスでは「投稿」の最初の文などにおすすめの書きかたです。

【悪い例】
　▶︎ ハッピー・エンジョイライフ
　▶︎ 私らしい、住まい。

【1段階の例】
　▶︎ 浴室リフォーム①をお考えのかたへ

【2段階以上の例】
　▶︎ マンション浴室①を冬時期に交換②したいかたへ
　▶︎ 液晶テレビ①に保護パネル②をつけたい…でも「引っ掛けるだけ」③では不安なかたへ

★ 読ませる文章構成「APSORAの法則」を意識する

「APSORA（アプソラ）の法則」は筆者がコンサルティング実務でよくご提案している、「誰でも理解しやすく、納得しやすい文章の流れ」のことです。なんとなくダラダラと書いてしまっては、苦労して書いた文章でも最後まで読んでもらえません。ページ最上部から最下部に向かって、「流れ」に沿った文章を書いていきましょう。

A：Address　呼びかける
- ○○するときに▲▲なかたへ
- ○○したい、でも▲▲なかたへ
- ○○、かつ▲▲なかたへ　など

P：Problem　問題に気づかせる
- ××にお困りではありませんか？
- ××をお探しではありませんか？
- 急いで▲▲したい！とお考えですか？　など

SO：Solution　解決策と根拠を示す
- あなたは▲▲できます
- 当社の○○（ならでは感）により、××できます　など

R：Relieve　安心させる
- お客様の声
- Q&A
- 返金保証
- 定期購入でも一時休止制度があることを示す
- 生産者の紹介
- スタッフの紹介
- 連絡先の明記　など

A：Action　行動を呼びかける
- 具体的な行動を呼びかける（無料相談会、資料請求など）
- メールだけではなく電話での連絡も受け付ける　など

APSORAの法則を使った例文をご紹介します。イメージとしては、

▶ 限定的に訴えて、
▶ 読むべき情報だと認識させ、
▶ 貴店のウリをPRし、
▶ 迷っているかたの後押しをして、
▶ 最後に明確に誘導する

という文章構成です。

【悪い例】

　当店の靴磨きサービスは本当におすすめ！ぜひ皆さんに体験してもらいたいです。スタッフ一同笑顔でお迎えいたします。どうぞよろしくお願い致します！！

【良い例】

　★一番気に入っている革靴…お手入れしたいけど、自己流で失敗したくないかたへ★
　一番高かった革靴…きちんとお手入れする方法をお探しではありませんか？

　藤沢市の靴磨き専門店「湘南シューシャイン・クリニック」では靴の状態によってクリームとブラシを使い分け、ご自身では気づきづらい爪先・コバもしっかりお手入れ。きれいになるだけでなく長持ちにもつながります。
　経営者様やファッション関係者様にも「やっと見つけたプロのお店」とのご評価をいただきます。次の連休では初心者向けシューシャイン体験会を実施します。すでにご予約もいただいていますので、空きがあるかどうか、お電話でお問い合わせくださいませ。

第4章 「投稿」機能で活かしたい Webライティング術

31 「共感」してもらうための テクニック　内容編

★ 「想い」を書いて共感を促す

　生産者や加工者など、商品に関わる人のパーソナリティや仕事にかける考えかた、実直な姿勢、気持ちなど、感情や情熱が伝わる文章はネットユーザーを動かすものです。「想い」を素直に、文章の中に入れ込みましょう。また、「お客様の喜び」を伝え、スタッフもそれを喜んでいるという姿を伝える投稿は「共感」を促すことができます。

　Webの情報を見ている側も発信する側も「生身の人間」です。「嬉しかった」「ホッとした」「楽しかった」「役に立てて良かった」などの「感情」を入れることで、Web情報は各段に活き活きします。このあたりはお店での接客と似ていると思います。「目の前のお客様に語りかける」イメージで発信するようにしましょう。

【悪い例】

　この夏、一押しの自家焙煎珈琲豆。お急ぎご購入くださいませ。

【良い例】

　「やっと見つけた味」「藤沢でこの味に出会えるとは…！」と昨年大好評だったパナマゲイシャ種の珈琲豆が「やっと」再入荷です！一粒ずつハンドピックし焙煎と乾燥時間を他品種とまったく変えています。この味を再び提供できる！私もスタッフのジュンも半年待ちました〜。焙煎後3日目以降にさらに美味しくなるので、本来定休日の月曜日に午後だけお店を開けます！来年まで待てないかたはぜひ月曜日にお越しください！

105

★ 理由（根拠）を伝える

　商品を紹介するときの定番として、「おすすめ」「お早めに」などの表現があります。しかし「おすすめ」といった主観的な表現だけでは、ユーザーは「なぜ？」と疑問を感じてしまい、「共感」してもらえる可能性は低いと思います。

　ユーザーに「なるほど！」と腑に落としていただくためには、「理由をセットで述べる」ことが大切です。理由、つまり客観的な根拠を伝えることでメッセージ全体の納得感が増し、「共感」を促すことができます。「おすすめ」「お早めに」と伝えたいときには、ぜひ、理由をセットで述べるクセをつけてください。

【悪い例】

おすすめのダレスバッグが入荷しました。

【良い例】

　装飾を限りなくシンプルにしたので、フレッシュなビジネスパーソンにも無理なくお持ちいただけるダレスバッグです。従来品より内側のマチを広くしたので、ノートパソコンやタブレットとともに厚手の手帳もスッキリ収納できます。革問屋さんに無理を言って工面していただきましたので、申し訳ございませんが限定4点です。

投稿をこまめに運用するためのコツ

　一つのトピックを「事前告知」「当日」「後日談」に分ければ、3回分の投稿にすることができます。例えば上記例文の場合、「ダレスバッグのご用意を進めています」「いよいよダレスバッグが入荷しました」「先日お知らせしたダレスバッグは人気につき、ご予約でいっぱいになりました」などです。「一つの投稿ネタを分割する」という切り口は、投稿を継続していくためにおすすめです。

第4章 「投稿」機能で活かしたい Webライティング術

32 「共感」してもらうための テクニック 表現編

★ オノマトペ（擬音語・擬態語）で五感に訴える

　貴店の表現では五感（視・聴・嗅・味・触）に訴えることを意識していますか？オノマトペ（擬音語・擬態語）は、ものごとを具体的にイメージしやすくするおすすめの表現です。このとき、できる限り多くの「感覚」を含めると、お客様はイメージしやすいはずです。ぜひ、使ってみてください。

オノマトペを使って、お客様の感覚に訴えた例

★ 主語を「あなた」にして「●●できる」と書く

　「文章の主語を『あなた』にする」ことも「共感」を促すテクニックです。多くの中小企業・店舗様は、情報発信をするときに、

▶当店は…
▶当社は…
▶この商品は…

など、「自社目線」の発信になりがちです。しかしネットユーザー（＝潜在顧客）

107

は、いきなり「当社のウリは…」などといわれても「他人事」にしか感じてくれません。そこで、「あなた（＝読んでくれている人）」を主語にして文章を作成することで、"響く"文章表現にすることが狙いです。また、主語を「あなた」にすると自然に、

▶ （あなたは）●●できます
▶ （あなたは）●●がお楽しみいただけます
▶ （あなたは）●●がお選びいただけます

など、「●●できる」という文末になります。これによって、「ああ、私の場合は●●ができるのね」というようにイメージが湧きやすくなる効果もあります。「あなたは」という平仮名4文字は省略しても良いですが、いずれにしても、「当店は」「この商品は」ではなく、読者を主語として文章を作成する工夫をしていきましょう。

【悪い例】

　当社のクリーニングはここがすごい！

【良い例】

　お預かりしたお召し物を"洗ってから"保管するので、「汚れたまま長期保管し納品直前に洗う」お店とは違います。お届け後に「清潔で」「風合いと新調感ある」お洋服をお召しいただけます。店頭渡しと宅配がお選びいただけます。

★ 誰がどんなふうに使っているのか「エピソード」を書く

　Web発信で「エピソードを書く」ことは、非常に重要なポイントなので、しっかりご説明させてください。いま我々は、

▶人口が増えることが容易に想像できない（消費者の数自体、大きく増える見込みがたたない）

▶モノやサービスが溢れている
▶好況が訪れる見通しは容易ではない

という、いってしまえば「商売がラクではない」状況に直面していると思います。そんな中で「売上を上げていく」ためには、さまざまな方策・考えかたがあるとは思いますが、

▶今まで「自分向け」だと気づいていなかったかたに、「自分向け」だと気づいていただく

ことが何より重要ではないかと、筆者は考えています。

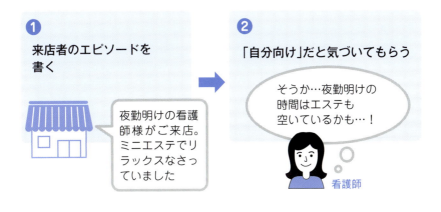

この「気づいていただく」ためには、「自分と同じようなお客さんが来店しているんだ（利用しているんだ）」ということを理解していただくのが、もっとも効果的であり、合理的であると思います。Web発信で「エピソードを書く」ことがなぜ重要か。これは、「あなたと同じようなお客様がすでに当店を利用していますよ」と書くことで、「自分も行ってよかったお店なのか」と気づいてもらい、「新規来店の敷居を下げる狙い」があるからです。

ある化粧品屋様では、「このようなかたが来店されました」という趣旨の投稿を継続したところ、従来に比べ、化粧品の売上とエステの売上が1.5倍になったそうです。また、ある老舗小売店様では、「このようなオーダーがあったので頑張って作っているところです」という趣旨の投稿を継続したところ、投

稿を見たという新規来店が増えたとのことです。以下のヒントを参考に、ぜひ、貴店だけのエピソードを投稿していただきたいと思います。

客層を描写する

▶ 年齢はどうか？
▶ 性別はどうか？
▶ 住まいはどうか？（近いのか、遠くから来ているのか？）
▶ 個人なのか？グループなのか？

利用シーンを描写する

▶ どういう「生活スタイルの変化」で来店したのか？
▶ どういう「イベント」（年間行事）で来店したのか？
▶ どういう「トラブル」で来店したのか？
▶ どこで出会ったから（どういうご縁で）来店したのか？

課題を描写する

▶ どういう「悩み」で来店したのか？
▶ どういう「不安」で来店したのか？

利用度合を描写する

▶ どれくらいの「頻度」で来店しているのか？
▶ どれくらいの「滞在時間」か？

感想を描写する

▶ お客様はどんな感想を言ったか？

★ 一般論ではなく、できるだけ具体的に描く

　お客様が「じぶんのこと」として捉えやすくするためには、一般論ではなく、「描写を現実的にする」ことをご提案します。より具体的な内容を書くようにしましょう。

【悪い例】

空きがあれば随時ご案内します。ぜひお気軽にお問い合わせください。

【良い例】

明日は18時から空きがありますので、お仕事帰りにお立ち寄りいただけます。施術中は電話に出られないこともありますので、LINEかInstagramのメッセージにてお問い合わせください。

★ 共感を覚えるような言い回しを使う

ハッとする表現、グサッとくる表現を使うことで、ネットユーザーの注目をひく考えかたです。これは、「言い当て」「混乱の指摘」「無変化の指摘」「リセット願望」「損／得の訴求」の5つに分類できます。以下の具体例に限らず、ご自身が消費者として「ハッとした」表現をメモしておくと、Web発信のときに役立ちます。実際に使ってみて、お客様の反応を確かめていきましょう。

表現の分類	表現の具体例
言い当て	・〜というのが正直な気持ちではないでしょうか？ ・自分の問題にはなかなか気づきませんよね
混乱の指摘	・どうすればよいのかわからない ・何をすればよいのかわからない ・どうやって選べばよいかわからない
無変化の指摘	・〜と思い込んでいませんか？ ・〜を買うのはまだ先と思っていませんか？ ・〜のやりかたはそのままでよいのか、考えたことがあったでしょうか？
リセット願望	・学び直しをしませんか？
損／得の訴求	・結果的に高くつきます ・長持ちします

111

第4章 「投稿」機能で活かしたい Webライティング術

33 「不安と疑問を解消」してもらうためのテクニック

★ 不安と疑問を解消する

▶数ある中でこの投稿、情報発信に出会った。
▶自分向けの商品であることはわかった。
▶良さそうなお店、商品であることはわかった。

でも、来店や問い合わせにつながらないとしたら、「いまいち不安や疑問が解消されていない」からではないでしょうか？ネットの向こう側のお客様は、「本当にこのお店で大丈夫かなあ」と不安や疑問でいっぱいです。だからこそ、不安と疑問に答える内容をきちんと伝えることで、「来店」「問い合わせ」などの具体的行動に移ってもらいやすくしましょう。

不安や疑問を解消するのは、「買わない理由」を減らし、きちんと行動してもらうための戦術です。例えば、以下のような「不安・疑問を解消する」情報を投稿するのはいかがでしょうか？

信用に関する不安／疑問

1、事業所の信用に関する不安／疑問
▶社歴は？事業所規模は？
▶連絡先は？
▶資格／登録は？
▶どんな人が対応するの？

2、商品やサービスの信用に関する不安／疑問
▶本物なの？その証拠は？
▶安全なの？その証拠は？
▶良いこと言ってるけど、裏があるんじゃないの？どんなつもりで商売しているの？

普遍性に関する不安／疑問

▶ どれくらい多くの人に利用されているの？

▶ 他の利用者はどう言っているの？

配送や納品に関する不安／疑問

▶ 今、注文するといつ届くの？

▶ 荷姿はどうなっているの？

契約に関する不安／疑問

▶ 私はまず何をすればよいの？

▶ どうやって連絡すればよいの？

▶ 契約にどれくらいの時間がかかるの？

▶ 依頼からサービス完了までの全体像はどうなっているの？

▶ 買い手が準備することは何かあるの？

▶ 契約にアレンジは利くの？試用はできるの？

▶ キャンセル規定はどうなっているの？

▶ 料金には何が含まれている？表示料金以外の費用は？

▶ 結局どのプラン（セット）が一番私にふさわしいの？

▶ 何ができて何ができないの？

▶ 支払方法はどうなっているの？

使用に関する不安／疑問

▶ それは、自分でも（誰でも）簡単に使いこなせるの？

▶ それは、どんな場合に（どんなシーンで）使うの？

▶ それは、誰がどんなきっかけで使うの？

▶ その商品を使うことで他に留意することはないの？（注意点、副作用など）

保守に関する不安／疑問

▶ サービス終了後（納品後）のアフターケアはどうする？

第4章 「投稿」機能で活かしたい Webライティング術

34 「アクション」を起こしてもらうためのテクニック

★ 文末で誘う／してほしいアクションをはっきりさせる

　「文末での誘い」というポイントは、コンサルティング実務でもたびたびご提案するお話です。これは、「したほうがよい」というより、「必ず実践すべき」といえるほど重要です。

　これまで18年間、中小企業・店舗様のWeb運営の現場を見てきた者として、**「文末での誘い」が足りないなと感じることが多い**です。Webでの情報発信は、スマホで見てもパソコンで見ても縦長です。読み進めて目線が文章の「最後」に至っているとすれば、それはある程度「熱心に」読んでくれたということになります。途中でページを閉じる選択がありながらも最後まで読んでくれたわけですから、そのかたちはやはり「熱心な」ユーザーと考えて良いでしょう。

　その「熱心な読者」が見てくれる箇所、すなわち**「文末」で、唐突に説明が終了してしまうことは非常にもったいない**ことです。商談や接客の場合でも、話の最後には必ずなんらかの「クロージング」を入れますよね。ですからWeb発信も同様に、**文末で必ず「クロージング」を入れる**べきなのです。Web発信におけるクロージングは必ずしも、購入を促すなどの直接的な内容でなくても構いません。

▶連絡先を載せる
▶関連するページをさらに見てもらう（リンクを張る）

というソフトなクロージングもあり得ます。貴店のWeb発信では文末で「誘い」があるかどうか、改めて確認してみてください。

★ 「次」を見る動機を与える

　では、Googleマイビジネスの投稿で「詳細」というボタンをつけたときに、どのような「誘い」をすると効果的でしょうか？ひとことでいえば**「詳細ボタ**

ンを押して次を見ると、もっと良いことが起こる」ことを伝えることに他なりません。例えば以下のような誘いが有効です。

【例1】次も読んで1セットの情報であることを伝える

当店ホームページにて応募要領を発表しています。【詳細】

【例2】コツやノウハウなど、読んで得する情報があることを伝える

当店ブログでは、ここでご紹介した以外の「自宅で簡単にできるネイルケア」のコツをあと6つご紹介しています。【詳細】

Googleマイビジネスからネットショップへの誘導

「投稿」のボタンを使うと、自社ホームページやブログだけでなくネットショップにリンクすることもできます。すでにネットショップをお持ちであれば、「投稿」からネットショップに誘導することもおすすめです。

また、ネットショップ作成サービスを使えば、誰でもかんたんにネットショップを始めることができます。サービスの一例として、「BASE」(ベイス)があります。すでに70万店舗以上が利用しているとのことで、筆者のクライアント様も多数利用しています。

例えば神奈川県小田原市の「香実園 いしづか」様はBASEを使って湘南ゴールド(香りの良い柑橘類)、みかん、下中たまねぎなどを販売しています。売れすぎてしまって売り切れになることが多いようです。

開設自体の費用は無料ですので、試しにネットショップ開設を検討してみてもよいでしょう。

COLUMN 4

「お店の特徴を表す言葉」を繰り返し伝える

▶特定の言葉を繰り返し伝えることで、いつの間にかそれがお店の特徴を表す言葉になっていく

　Webでは特に、その傾向が強いと感じます。個人的な例で恐縮ですが、筆者は開業当初から「わかりやすいホームページ相談」という言葉を繰り返し発信してきました。それまで見聞きしたWeb関係者の話がとてもわかりづらかったので、自分は「わかりやすいこと」を軸にしようと考えたからです。
ホームページ、ブログ、SNS、名刺、セミナーの資料、自己紹介などで「わかりやすい」という言葉を多用していった結果、「わかりやすい」という評価が非常に多くなり、またクライアント様からご紹介があるときも「わかりやすい先生だと評判を聞きました」という声が多くなりました。

　Googleマイビジネスで情報発信する際にも、この視点が大事だと思います。なにより、Googleマイビジネスには「クチコミ」がありますから、お客様の評判は言葉になって積み重なっていくのです。「お店の特徴を表す言葉」、「お店の特徴として使ってほしい言葉」を繰り返し伝えることで、貴店はまさにその言葉通りの評判になっていくのではないでしょうか。
また、Googleマイビジネスではクチコミに具体的なキーワードが多いほどお客様の目に触れられやすくなり、有利になります。ただし、「●●という言葉を入れてクチコミを書いてください」と直接依頼するのはガイドライン違反ですので、「いかにお客様が自然にその言葉を思い出し、クチコミに書いてもらうか」という観点が重要です。このことからも、

▶接客時に伝える
▶メニュー表や店内POPなどに書いておく

などのWeb以外の方法も含めて、「お店の特徴を表す言葉を繰り返し伝える」ことはとても重要といえます。

第5章

お店の印象を良くする
クチコミ返信術

Section35	効果絶大！クチコミを重要視する理由とは？
Section36	クチコミの数を増やす方法
Section37	クチコミに「返信」して信頼を積み重ねる
Section38	高評価クチコミに返信するときのポイント
Section39	低評価クチコミをもらったときのタブー行動
Section40	低評価クチコミに返信するときのポイント
Section41	低評価クチコミの返信実務
Section42	クチコミは削除できる？
Section43	「星だけ評価」にも返信すべき？
COLUMN5	Google マイビジネスの「フォロー」機能について

第5章 お店の印象を良くする クチコミ返信術

35 効果絶大！クチコミを重要視する理由とは？

　お客様はどれくらい「クチコミ」に影響を受けるのでしょうか。2016年の調査がありますのでご紹介しましょう。次ページを参照してください。

　ここで示されているのは、**レビューをある程度参考にする人が過半数**いて、**クチコミが飲食店の決定や商品購入につながったことのある人が8割強**いるという事実です。もはや「クチコミ」の存在や影響を踏まえず店舗運営をするのは、むしろ不自然といえるでしょう。

　ところで第1章でお伝えしたように、Googleマイビジネスでは「ぱっと見の3軒」に入ることが重要になります。同業者が多い場合は激戦になりますが、Googleが公表する「Googleのローカル検索結果の掲載順位を改善する」方法をしっかり実践することが「ぱっと見の3軒」にたどり着く方法であることは間違いないでしょう。しかし「ぱっと見の3軒」に入ったとしても、「評価がない。もしくは評価が低い」お店のリスティングは、**「評価されている数が多く、評価が高い」リスティング**に比べて見る動機が減るのは、経験上もご理解いただきやすいでしょう。

××整体院
5.0 ★★★★★ (8)・整体
東京都○○区○○1-2-3
営業中・営業終了時間 19:30

カイロプラクティック△△
4.2 ★★★★☆ (11)・整体
東京都○○区○○ 4-56
営業中・営業終了時間 20:00

○○治療院
レビューなし・整体
東京都○○区○○7-8
営業中・営業終了時間 20:00

「市町村名＋整体」で検索したときのイメージ図。3番目の店舗を優先的にクリックするユーザーはほとんどいないはず

買い物をする際にレビューをどの程度参考にするのかを尋ねた。どの年代でも「かなり参考にする」、「まあ参考にする」を合わせると6割強となり、過半数がレビューをある程度参考にしていることがわかる。年代が低いほど「かなり参考にする」の割合が高く、若者ほどレビューを参考にして買い物をしている傾向がうかがえる。

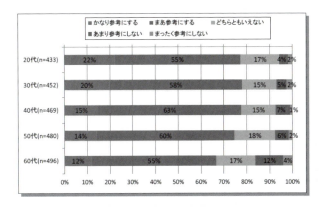

口コミを読んだことで飲食店・旅行先の決定や商品購入につながった経験があるかどうかを尋ねた。どの年代でも「何度もある（5回以上）」、「何回かある（5回未満）」を合わせると8割強となり大部分の人がそのような経験があることがわかる。「何度もある（5回以上）」の割合は年代が低いほど高い傾向がみられた。

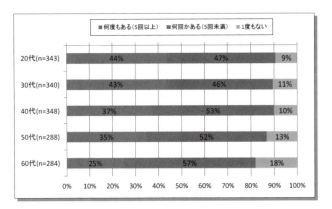

出典：株式会社情報通信総合研究所「GDPに現れないICTの社会的厚生への貢献に関する調査研究　報告書」（2016年3月／http://www.soumu.go.jp/johotsusintokei/linkdata/h28_04_houkoku.pdf）

36 クチコミの数を増やす方法

　クチコミは自然に増えていく可能性もありますが、積極的に「増えるように仕掛ける」ことも大切です。以下のような方法で、クチコミが増えていくように心掛けましょう。

★ 店頭にいるお客様にクチコミをお願いする

　Googleマイビジネスの店舗ページ（ビジネスプロフィール）には、固有のホームページアドレス（URL）が割り当てられています。P.48で短く覚えやすいアドレスにする方法をご紹介しましたが、名刺に記載するには良いものの、店頭でお客様に伝えるにはまだ長すぎます。

　そこで、このアドレスを「**QRコード**」にすることでGoogleマイビジネスの店舗ページにアクセスしやすくしましょう。その画像を**レジ横に掲示**したり、**ショップカード**や**POPに印刷**したりすることで、お客様がクチコミを投稿しやすくなります。

店舗ページのQRコードを作成する

手順① まずはパソコンでGoogleマップを開き、検索などで貴店を表示しましょう。「共有」という丸いボタンをクリックします。

手順②「リンクをコピー」をクリックすると、店舗ページのリンクをコピーできます。「リンクをクリップボードにコピーしました」という案内が出たら、パネル右上の「×」をクリックしてパネルを閉じます。

手順③ 次にブラウザのアドレスバーに「https://qr.quel.jp/」と入力して Enter を押します。「QRのススメ」は、QRコード作成数日本一の「無料でQRコードを作ることができるサービス」で筆者も愛用しています。ページ中央にある「さっそく作る」をクリックします。

手順④ 一番上の「QRコードでURL」という項目の「作る」をクリックします。

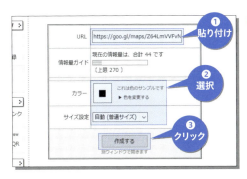

手順⑤「URL」の欄に先ほどコピーしたURLを貼り付けます。カラーやサイズを適宜選び、「作成する」をクリックします。

手順❻ すると、あっという間にQRコードの画像ができ上がり、保存できる状態になります。画像形式は汎用的な「PNG」(ピング)か「JPEG」(ジェイペグ)を選びましょう。

★ 既存客にクチコミをお願いする

　Googleマイビジネスのヘルプ「Googleでクチコミ数を増やす」という項目(https://support.google.com/business/answer/3474122)で、一番目に書いてある指針は**「クチコミの投稿をお願いする」**というものです。お客様にクチコミの投稿を依頼することは極めて単刀直入な方法ですが、もっとも確実な方法ともいえます。既存客に**電話やメール、手紙などの手段で連絡を取るタイミング**で「Googleマップの当店ページでクチコミをお願いしたい」旨を率直に頼んでみましょう。

　その際、先ほどの手順❶～❷の方法でGoogleマップの貴店のホームページアドレス(URL)がわかりますので、それをメールや手紙に書いて伝えると、よりクチコミをしていただけるチャンスが大きくなります。

ただし、特典の提供はNG

　なお、Googleマイビジネスのヘルプページには、「特典を提供してユーザーからクチコミの投稿を募ることは、Googleマイビジネスのクチコミに関するポリシーに違反する」と書かれていますので注意してください(https://support.google.com/business/answer/7035772)。例えば**「クチコミを書いてくださったお客様には1000円オフのクーポンを差し上げます」**などの**勧誘は不可**となります。

第5章 お店の印象を良くする クチコミ返信術

37 クチコミに「返信」して信頼を積み重ねる

★ クチコミに返信することの効果

さて、「お客様側から書かれたクチコミ」の影響は大きく、またその数、評価の多寡も店舗集客に大きく影響しそうですが、「クチコミへの店舗側からの返信」については、お客様はどのように考えているのでしょうか。少々古いデータですが、示唆的な調査ですのでご紹介します。

- ▶口コミに対するホテルの管理者からの返信を見ると、宿泊客を大事にしているという印象を受ける（77%）
- ▶管理者からの返信がない同レベルのホテルに比べて、管理者からの返信があるホテルを予約する可能性が高い（62%）

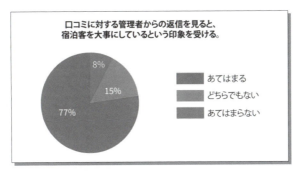

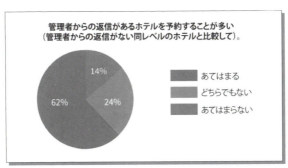

▶否定的な口コミに対して攻撃的/自己弁護的な返信をしたホテルを予約する可能性は低い（70%）
▶否定的な口コミに対して管理者から適切な返信が行われると、ホテルの印象が良くなる（87%）

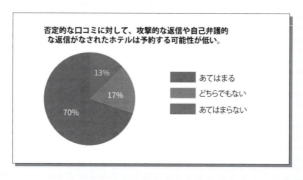

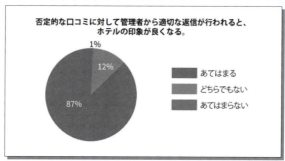

出典：PhoCusWright「"Custom Survey Research Engagement", prepared for TripAdvisor」（2013年12月）

　この調査は宿泊業についてのものですが、業種問わず参考になるのではないでしょうか。別の調査でも、「クチコミに返信しているビジネスへの信頼度は76%、そうでないビジネスへは46%。1.7倍の差があることが明らかになっている」との調査結果もあります（「Benefit of a Complete Google My Business Listing」Google / Ipsos 調査・2016年10月）。
　クチコミに返信をすることで、初見のネットユーザーにも「なんとなく信頼できそう」と思わせる意義は非常に大きいといえるでしょう。わかりやすくいえば、「クチコミに返信をすることで、信頼を積み重ねることができる」ということになります。

★ クチコミ返信に関するGoogleの考え

Googleは「クチコミの返信」についてどのような考えなのでしょうか。Googleマイビジネスの運用指針に困ったら第1章に立ち返るのが基本でしたね。

・クチコミの管理と返信

ユーザーが投稿したビジネスのクチコミに返信すると、ユーザーとのつながりを作ることができます。さらに、クチコミに返信することでユーザーの存在やその意見を尊重していることもアピールできます。ユーザーから有用で好意的な内容のクチコミが投稿されると、ビジネスの存在感が高まり、見込み顧客が店舗に訪れる可能性が高くなります。リンクをクリックするとクチコミを書き込めるようにして、ユーザーにクチコミの投稿を促しましょう。

（引用：https://support.google.com/business/answer/7091）

「いただいたクチコミに返事をしましょう」「そのような積み重ねで見込み顧客が店舗に訪れる可能性が高くなります」という趣旨が書かれています。先ほどご紹介した調査と同じことを示しているといえるでしょう。

★ クチコミ返信の操作を押さえる

まずはユーザー（Googleマップでクチコミを書けるユーザー＝Googleローカルガイド）がお店にクチコミを書く段取りから確認していきましょう。

手順❶　ユーザーはGoogleマップから、クチコミを書きたいお店を見つけます。そこで「クチコミを書く」をクリックすると、星の評価とともにクチコミを書くことができます（星の評価だけして、クチコミ自体を書かないユーザーも多いです）。「投稿」をクリックすると、クチコミが当該店舗のクチコミ欄に反映されます。

手順❷ ユーザーがクチコミを投稿すると、貴店宛にGoogleから左のような通知メールが届きます（メール通知の設定で「顧客のクチコミ投稿」にチェックが入っている場合。P.128参照）。

手順❸ 返信をするためには、Googleマイビジネスの管理画面の左メニューから「クチコミ」をクリックします。

手順❹ 貴店に入った「クチコミ」は、このクチコミという画面の中にすべて列記されています。この画面自体にも「大切なユーザーに、一つずつ返信していきましょう」と書かれているとおり、Googleは「クチコミを書いてくれたユーザーとの交流（要するに、返信）」を強く求めていることがわかります。返信をしたいクチコミの「返信」をクリックし、返信内容を入力して「返信を投稿」をクリックします。

第5章 お店の印象を良くする クチコミ返信術

38 高評価クチコミに返信するときのポイント

★ 高評価クチコミへの返信ポイント

　前ページのように、クチコミの仕組みや、返信をする仕組み自体はとても簡単です。では、いよいよ本題です。高い評価をいただいたときは、どのような内容を返信するのが良いでしょうか？筆者は、以下のような返信をご提案しています。

コメント例

　先日家族で利用しました。配膳のかたの説明も丁寧でわかりやすかったです。
　特におすすめなのが鰻の白焼き。わさび醤油や塩でいただきました。鰻が少し苦手だった母も喜んでいました。また訪問したいです。

返信例

　○○様、当店をご利用、また嬉しいご評価をいただき誠にありがとうございます。
　ご感想をいただきました鰻の白焼きにつきましては、私どもも大変に力を入れお薦めさせていただいております。お褒めの言葉をいただき誠にありがとうございます。
　また頂戴したお声を板長に伝えましたところ、大変に喜んでおりました。
　夏になりますとハモ料理が大変人気となります。○○様もぜひお試しいただければ幸いでございます。○○様のまたのご来店をスタッフ一同心よりお待ちいたしております。

　これには「3つの返信ポイント」があります。それぞれご説明しましょう。

127

▶（1）目のつけどころを褒める

　本件では、わざわざ「鰻の白焼き」について感想を言ってくれています。この感想をしっかり読んだということを伝える意味でも、そのことに言及しましょう。「評価していただいた点は、当店でもこだわっているポイントである」ということを伝えると、お客様は嬉しくなってしまうのではないでしょうか。

▶（2）複数のスタッフがその評価を喜んでいることを伝える

　「Web担当者である自分がクチコミを拝見しましたよ」ということではなく、読んだクチコミをスタッフで共有している姿を述べると、「自分（の意見）は大切にされているんだ」とお客様は感じるのではないでしょうか。

▶（3）別ポイントをさりげなくPRする（クチコミ返信を読む他者の視線も意識する）

　クチコミに対してお店側から返信をすると、そのクチコミをしてくれたユーザーにメールが届きます。そのメールをたどって、「クチコミに対するお店からの返信」を見てくれる可能性があるでしょう。一方、そのクチコミや返信は、Googleマップを使っているユーザーも見ることができます。言い換えれば、そのやりとりを一般ユーザーにも「見せる」ことができるわけです。

　すでにお話ししたように、「クチコミの返信はユーザーに結構見られている」ものです。それをチャンスと捉え、「別ポイント（本件の場合は「ハモ」）をさりげなくPRする」のも集客には大切です。

 メール通知の設定

　Googleマイビジネス管理画面の「設定」メニューから、「Google側からどのようなメールを受け取るか」の設定ができます。クチコミが投稿されたときに通知を受け取る「顧客のクチコミ投稿」、顧客からメールが届いた場合のアラート「顧客メッセージ」、写真に関するヒントと更新情報の「写真」など、さまざまな項目について設定できます。少なくとも、クチコミ投稿と顧客メッセージのメール通知は受け取るようにし、お客様からの投げかけをすぐ確認できるようにしましょう。

第5章 お店の印象を良くする クチコミ返信術

39 低評価クチコミを もらったときのタブー行動

商売人であれば誰しも、「良かった！」「美味しかった！」などの高評価とともに「星5つ」をもらいたいですよね。汗をかいて働いているご褒美が、お客様からのご満足の声だと思います。一方、原因はどうであれ、「低評価」を受けることもあります。頑張っている中での低評価は、どん底に突き落とされるような気持ちになりますよね。

筆者はコンサルティングのかたわら、Web活用セミナー講師として商工会議所・商工会様などにお世話になっています。数年前、とある街にてセミナー講師をしたとき、話し始めて5分くらいで帰っていってしまった受講者様がいらっしゃいました。

そのかたが残したアンケートには、「こんなにレベルの低いセミナーは初めてだ。失望した。講師は未熟さに気づいていなくて可哀想」などの趣旨が書かれていました。現在セミナー講師歴17年ですが、そのようなご感想は初めていただきました。数年経った今でも、心の傷として残っています。

★ クチコミで低評価をもらったときの4大タブー

低評価を受けると気落ちしてしまうものですが、では、そのときにどう対応すれば良いでしょうか？まずは、低評価のクチコミをもらったときに「やってはいけないタブー」から確認していきましょう。

▶ （1）お詫びのため自宅に電話する

家族に黙って行ったお店かもしれません。Googleマップのクチコミで低い評価を書きこんだユーザーは、決して「連絡」が欲しいわけではありません。せいぜい、その場（Googleマップのクチコミ返信機能）で返事があれば十分なのです。

▶ （2）謝らない

のちほど触れますが、筆者はクレームメールの対応実務経験があります。ま

129

た現在でもクライアント様のクチコミ返信に対するアドバイスを継続的に行っています。その経験上、クレームメールやクチコミ低評価は「謝る」ことをしないと、ほぼ間違いなく二次クレームになります。お叱りに対して「謝らない」という選択はないと思ってよいでしょう。

▶ **（3）感情的に対応する**

　Googleマイビジネスのクチコミ返信内容は「公開」されます。つまり、幅広くネットユーザーに見られてしまいます。ということは、良いかどうかは別として、その返信内容がネット掲示板やSNSなどで晒（さら）される可能性もあります。「もう二度と来るな！！」「あなたも客としてどうかと思いますよ」などの感情的な返信は慎みましょう。

▶ **（4）お客様がクチコミで書いていない部分について言及する**

　お客様はクチコミですべてを書くわけではありません。また、書きたくないこともあるでしょう。そんなとき、お客様があえて書いていない事項についても「返信」で書いてしまうのは、デリカシーに欠け、またプライバシーの侵害になる可能性があります。

できない点はできないと書く

　返信するうえで、「できない点はできない旨を書く」ことも重要です。例えば、「店員を辞めさせろ」というクレームを受けた場合、お怒りはごもっともだとしても「できない」ことになります。このときは、「辞めさせることはできません」と直接書くのではなく、「当方が責任を持って教育に当たらせていただきますので、何卒ご容赦くださいますよう、お願い申し上げます」などと書くのが良いでしょう。

　また、クレームへの返信において、「二度と致しません」「今後絶対にこのようなことがないように致します」などの断定表現も避けます。言葉の揚げ足を取られるからです。

第5章 お店の印象を良くする クチコミ返信術

40 低評価クチコミに返信するときのポイント

★ クレーム"メール"返信　基本12項目とは？

　本章は、Googleマイビジネスのクチコミにうまく返信する方法を考えていく章です。ここでどうしてもご説明させていただきたいのは、「クレーム"メール"（お叱りのメール）」の返信テクニックです。というのは、低評価クチコミの返信はクレームメールの対応法・返信テクニックをアレンジすると良いからです。

　筆者は独立開業まで8年間、とある財団法人に勤務していました。そして立場上、クレームメールを処理する仕事も担っていました。クレームメールを受信してしまうと、胸がどきどきして、頭が真っ白になり、手に汗を握り、胃が痛くなり、呼吸も速くなります（個人の感想です）。

　そして考えに考え抜いて書いた「返信」の内容如何で、クレームが収まるどころか優良客になっていただいた事例や、逆に、二次クレームになり、筆者や所内スタッフ、上司の時間を大きく割くことになった経験もあります。そしてその経験は心の傷となって相当期間残ってしまうことも、経験上知っているつもりです。

　端的に申し上げれば、筆者は、貴店に万が一クレームメールが来たときに「うまく対応」していただくことで、ご自身や周囲の仕事時間をロスしたり心理的ストレスを感じたりすることを「うまく避けて」いただきたいのです。そこで、まずはクレームメールを受けたときの「うまい返信のコツ」をお伝えしたいと思います。実経験から編み出した「これを書けばクレームメールが収まる（二次クレームは起きない）」と考えている「返信に入れるべき項目」は12個あります。筆者はこれを「クレームメール返信　基本12項目」と呼んでいます。

第5章 お店の印象を良くする クチコミ返信術

第6章 集客効果を底上げする 外部施策と管理テクニック

第7章 ここが知りたい！ Q&A

クレームメール返信　基本12項目

- ▶①お客様の氏名
- ▶②連絡をいただいたことへの感謝
- ▶③担当者の名乗り
- ▶④サービスを利用した（する）ことへの感謝
- ▶⑤指摘事項の確認と、必要に応じて謝罪
- ▶⑥なぜそうなったかの理由を明示
- ▶⑦本質（心情面）を理解し、その点にお詫び
- ▶⑧善後策を提示
- ▶⑨指摘をしていただいたことへの感謝
- ▶⑩連絡先明記
- ▶⑪「今後ともどうぞよろしくお願いいたします」
- ▶⑫署名

クレームメールへの返信例

　それでは、「クレームメール返信　基本12項目」を使った返信例を見ていきましょう。あなたは梅干しなど漬物の実店舗とネットショップを運営しているとします。以下のようなクレームメールが来たら、どのように返信しますか？

クレームメール例

　〇〇梅干し店　御中

　1か月ほど前、貴店ネットショップで梅干しを選び友人に贈りました。

　のしは間違いなく無地の「一般のし」を選びましたが、届いた親友から「お中元（と書かれたのしが貼られた贈答品）が届いた。ありがとう。自分も贈るよ」と言われ、友人に手間をかけさせ、余計な気遣いを負わせてしまいました。

　一体おたくのネットショップは、どうなっているのですか？

「クレームメール返信基本12項目」を使った返信例

〇〇　〇〇様 ①

この度はご連絡をいただき、誠にありがとうございます。②
××食品株式会社にてサービス向上の業務に当たっております、経営企画室長の△△　△△と申します。③

この度は弊社の「木樽入り減塩梅干1.2kg」をお求めいただき誠にありがとうございます。④

またお届けの際の「のし」が「お中元」になっており、弊社の手違いにて〇〇様のご意向に沿わない表書きになりましたこと、ここに深くお詫び申し上げます。⑤

弊社ホームページでは「のし」の種類をお選びいただく際、「一般のし」「お中元」「お歳暮」「その他」の中からお選びいただきますが、「一般のし」をお選びのお客様も「お中元」と同じように伝票処理を行っていたケースがあることが判明いたしました。
これは弊社スタッフの教育不徹底が原因でございます。⑥
「一般のし」と「お中元」では意味合いが違ってまいります。〇〇様のご贈答のお気持ちとは違う形になりましたことは私どもの不行き届きであり、誠に申し訳ございませんでした。⑦

また今回、〇〇様のご指摘により、同様のミスが数件あることが判明いたしました。他のお客様にもお詫びさせていただきますとともに、今回ご指摘いただきました〇〇様には深く御礼申し上げます。⑨

今後は、ご注文受付担当のスタッフ教育に一層力を入れ、このような事態を繰り返さないように努力してまいります。⑧
この度は貴重なご指摘を賜りましたこと心より御礼申し上げます。今後も、お気づきの点がございましたらお気軽にご意見お寄せくださいませ。引き続きご支援賜りますよう何卒宜しくお願い申し上げます。⑨

なお、本件につきましてご不明な点がございましたら、経営企画室長の△△　△△までお声掛けくださいませ。

【ご連絡先】

××食品株式会社　経営企画室　室長　△△　△△

電話：　　　　　　　FAX:　　　　　　　メール：　　　　　　⑩

今後ともどうぞよろしくお願いいたします。⑪

＝＝＝＝＝＝＝＝＝＝＝＝＝＝＝＝＝＝＝＝＝

××食品株式会社　経営企画室　△△　△△

住所：

電話：　　　FAX:　　　メール：　　　HP:　　　⑫

＝＝＝＝＝＝＝＝＝＝＝＝＝＝＝＝＝＝＝＝＝

　このクレームメール返信例を、「SNS炎上・クレームメール対応とクチコミ返信のコツ」というセミナーでお話しすると、「……こんなに長く返信するのですか？」のような反応が多いです。確かに、いただいたクレームメールに対して返信が長いですよね。しかし経験上、例えば300文字程度でいただいたクレームメールに300文字程度で返信すると、高確率で二次クレームが起こります。

　繰り返しになりますが、クレームメール、ましてや二次クレームは、貴重な仕事時間を奪うだけでなく、心理的、身体的ストレスを招きます。ですので、できる限り「一発で」収めていただきたいと願っています。そのためにも、目安としては概ね「いただいたクレームメールの倍の長さ」で返信することをおすすめしています。

返信ポイントの解説

　クレームメール返信記載のポイントは、「感謝」「誠実」「心情理解」です。具体的にポイントを考えていきましょう。

▶①お客様の氏名

　「(株)」などと略さないようにしましょう。またお客様の氏名には「殿」ではなく「様」をつけます。

▶②連絡をいただいたことへの感謝

▶④サービスを利用した（する）ことへの感謝

▶⑨指摘をしていただいたことへの感謝

「ありがとう」は魔法のキーワードです。まず感謝することで空気を和らげます。クレームメールの返信は「お詫び」を連呼すればよいわけではなく、むしろ「ありがとうございます」という感謝をできるだけ多く入れたほうが、怒りが収まります。「梅干を購入いただいてありがとうございます」「ご指摘をいただきありがとうございます」など、クレームを書いてきたお客様にできるだけ「感謝」を伝えます。

▶③担当者の名乗り

送信者の氏名は必ず名乗ります。「お客様相談室」などの部署名だけを書くと逃げている印象が残ってしまいます。

▶⑤指摘事項の確認と、必要に応じて謝罪

申し出のあった苦情内容がこちらのミスであることが明白であれば、その点は端的に謝罪します。

▶⑥なぜそうなったかの理由を明示

なぜそうなったかの理由は必ず明示します。

▶⑦本質（心情面）を理解し、その点にお詫び

これがもっとも重要ですが、なぜ苦情を言っているかの本質（心情面）を理解し、その点にお詫びをします。本件では、「一般のし」が「お中元」になっていたというクレームです。そのことについて、「のしを間違えてしまい申し訳ございません」など、表面的な部分についてのみ謝っても「気持ちをわかっていない！」などの二次クレームが起こります。

したがって、「ご贈答のお気持ちとは違う形になりましたことは申し訳ございません」「ご不快な思いをお掛け致しまして申し訳ございません」「ご不便をお掛けいたしまして申し訳ございません」など、「気持ち」（心情面＝クレームの本質）を理解して、その点についてお詫びをするようにしましょう。

▶⑧善後策を提示

ただ詫びるだけではなく、善後策を提示して前向きな印象を与えましょう。

▶⑩連絡先明記

クレームメールには当方の連絡先を明記しましょう。というのは、二次クレームになった場合、もし連絡先を書いていないと「大代表」や「本部」「本社」に二次クレームが届くことがあるからです。こうなると話が大きくなって事態の収拾が大変になります。

▶⑪「今後ともどうぞよろしくお願いいたします」
▶⑫署名

文末には結びの挨拶と署名をつけ、メール文章のまとまりを良くしましょう。

★ 低評価クチコミ返信　基本8項目とは？

それではいよいよ、Googleマイビジネスの低評価クチコミに対する返信を考えていきましょう。「クレームメール返信　基本12項目」をアレンジして返信することをご提案します。記載したほうが良い項目は8つです。

低評価クチコミ返信　基本8項目

▶①お客様の氏名
▶②サービスを利用したことと、連絡をいただいたことへの感謝
▶③指摘事項の確認と、必要に応じて謝罪
▶④なぜそうなったかの理由を明示
▶⑤本質（心情面）を理解しその点にお詫び
▶⑥善後策を提示
▶⑦指摘をしていただいたことへの感謝
▶⑧「今後ともどうぞよろしくお願いいたします」

低評価クチコミへの返信例

それでは、低評価クチコミが入った場合にどうするかを見ていきましょう。事例は架空のものです。

低評価クチコミと返信例1：マツエク店

ひろみ
12件のクチコミ・32枚の写真
★☆☆☆☆　1週間前

先日指名なしで訪問しました。まつげがほとんど上がっていなく、期待した仕上がりとはほど遠かったです。
希望の雰囲気ではないので、他の店でやり直す予定でいます。
せっかく有休を取って楽しみにしていったので、正直とても残念です。

オーナーからの返信 1週間前

ひろみ様①

先日は当店をご利用いただき、誠にありがとうございました。また、ご感想をお寄せいただき大変ありがとうございます。②

ご期待の仕上がりでなかったことは、ひとえに当店スタッフの技術力不足が原因でございます。せっかくのお休みでお出かけいただきましたのに、ご期待に沿えず、またご不快な思いをお掛け致しまして、大変申し訳ございませんでした。③④⑤
ひろみ様のご指摘を受け、再度社内の技術研修を行いました。今後は技術を磨きなおし、ご指摘の様なことがないよう、努力して参ります。⑥

この度は貴重なご意見をいただき誠にありがとうございました。どうぞ今後とも、宜しくお願い致します。⑦⑧

低評価クチコミと返信例2：ホテル

Mika
10件のクチコミ・63枚の写真
★★☆☆☆　2週間前

今回、ホテル〇〇さんを利用しましたが、部屋の香り？がきつくてよく眠れませんでした。くさい香りが服にまで染みついてしまい残念です。
くさいにおいの元は、「ホテル〇〇厳選のアロマオイル」だと思います。女性受けを狙っているのだと思いますがくさいです。改善に期待。

オーナーからの返信 2週間前

Mika様①

この度はホテル〇〇をお選びいただき誠にありがとうございます。支配人の△△と申します。ご評価、ご感想をお寄せいただき大変ありがとうございます。②

香りにつきましてのご指摘はこれまでいただいたことはございませんでしたが、ご気分を害されたこと心よりお詫び申し上げます。③
香りにつきましてはご指摘の通り「ホテル〇〇厳選のアロマオイル」によるものかと思います。当ホテル5周年を記念したオリジナルアロマでございましたが、ご不快な思いをおかけしましたこと、誠に申し訳ございません。④⑤
今回のご指摘をもとにオイルディフューザーの設置は事前にご希望をお伺いした上で行うように改善いたしました。貴重なご意見を賜り、誠にありがとうございます。⑥⑦

この度は貴重なご意見をいただき誠にありがとうございました。またのご利用をスタッフ一同、心よりお待ち申し上げております。⑦⑧

ホテル●●　支配人▲▲

繰り返しになりますが、表面的な部分を謝るのではなく、お気持ちの面にフォーカスしてお詫びするのがポイントです。

▶まつげが十分に上がっていなくてすみませんでした
▶アロマがくさくてすみませんでした

　では、取り繕ったようなイメージになり、場合によっては二次クレームに発展する可能性があります。二次クレームは放っておけば「SNS炎上」などにも発展しかねず、リスクがますます大きくなります。

▶ご気分を害されましたことを深くお詫び申し上げます
▶お気持ちに沿わない結果となり誠に申し訳ございません
▶ご不便をお掛け致しまして、大変申し訳ございませんでした
▶誠に不行き届きであり、大変申し訳ございません
▶ご期待にそえず、誠に申し訳ありません

というように、お気持ちの面についてお詫びをするようにしましょう。また、「ごめんなさい。ごめんなさい」と「詫び」だけ述べても取り繕った印象になります。

▶当店をご利用いただき、誠にありがとうございます
▶貴重なご意見をお聞かせいただき、誠にありがとうございます

など、「感謝」の言葉を伝えて相手の態度を軟化させることも重要です。これら「クチコミ返信　基本8項目」を踏まえて、クレームを書いてきたかたの怒りを和らげ、また、その対応を見ている「未来のお客様」にも好印象を与えていきましょう。

第5章 お店の印象を良くする クチコミ返信術

41 低評価クチコミの返信実務

★ クチコミ発見からその後のフォローまでの流れ

　それでは、低評価クチコミを発見してしまってから、返信後までの実務はどうしたらよいでしょうか？筆者は以下の流れをご提案しています。

手順❶　低評価クチコミが入ったことを、すぐスタッフに周知します。というのは、何かの原因があっての「低評価」ですから、その「原因」が残った状態では他のお客様の怒りをも買ってしまう可能性があるからです。

手順❷　お客様の指摘事項の整理をし、以下に分類します。
・指摘事項は何か。いくつか。
・指摘事項は事実か（スタッフに確認）。事実とお客様の推論が混在していないか。

手順❸　確認に時間を要する（1〜2日以上かかる）ならば、まずご指摘を拝見した旨と、後で速やかに回答する旨を返信します（クチコミ返信は再編集ができます）。じっくり確認し、じっくり考えてから返信しようと思っていても、お客様は「遅い！」と感じるかもしれないからです。

手順❹　クレームの本質理解（心情面の理解）をします。その問題によってお客様にどのような混乱／被害／不安が起こったかを理解します。少なくとも「ご不快な思いをお掛けした」ことは事実ですから、部分的であっても謝罪は必ずしましょう。

手順❺　返信文案を作成します。作成後は、できるだけ他スタッフに確認をあおぎ、誤字脱字などをチェックしてもらいます。

手順❻　文章がOKなら返信します。

手順❼　低評価クチコミと返信文章をプリントアウトし、スタッフ間で情報共有

するために「ファイリング」をします。

★ 低評価クチコミを店舗運営に活かす

　実際に対応されたかたはご存知と思いますが、クレーム処理は非常に時間をロスします。ですので、この時間のロスや経験を、今後のスタッフのために活かすという視点が大切です。「このときはこのように返信をしたら、クレームが収まった」などのノウハウに換えていきましょう。

　また、日常業務で「お客様からよく質問されること」があれば、それはクレームの火種となる可能性があります。よく質問されるということは「それが伝わっていない証拠」ですから、「よくある質問」を自社ホームページに掲載しておいたり、窓口に紙で掲示したりという「予防」をしておきましょう。

「よくある質問」の例（https://8-8-8.jp/qanda）

「よくある質問」の代表的パターン

▶YES/NO型…「住所に関係なく大丈夫ですか？」

▶不安型…「本当に○○なんですか？」

▶情報不足型…「FAX番号を教えてください」

▶初心者型…「初めてでもできますか？」「簡単に○○できますか？」

▶手順型…「どんなふうに○○するのですか？」「いつまでに○○ですか？」

▶保守型…「自宅ではどうすればよいのですか？」

第5章 お店の印象を良くする クチコミ返信術

42 クチコミは削除できる？

　いただいたクチコミについては、残念ながらオーナー側から削除をすることはできません。クチコミを削除できるのは、書き込みをした本人のみです。しかし、Googleのクチコミに関する**ポリシーに違反しているクチコミ**は、不適切なクチコミとして報告、つまり「削除申請」ができます。「Googleのクチコミに関するポリシー」とは、「実体験に基づいていない、虚偽のコンテンツ」など多岐にわたりますので、ぜひ一度ご確認ください。

▶禁止および制限されているコンテンツ
https://support.google.com/contributionpolicy/answer/7400114

★ 不適切なクチコミとして報告する方法

　それでは、クチコミを「不適切なクチコミとして報告」するときの手順を押さえておきましょう。まずは管理画面の左メニューにある「クチコミ」をクリックしたら、不適切なものとして報告したいクチコミの右側「︰」マークをクリックし、「不適切なクチコミとして報告」をクリックします。

　その後、どのようなポリシー違反と考えるのかを選択して送信すると操作は完了です。Google側で審査が行われたのち、ポリシー違反だと判断されれば削除されます（数日かかる場合があります）。ただしこの操作は、あくまでもGoogleに対して「ポリシー違反だと思いますよ」と申告するだけですので、実際に削除されない可能性も高いです。したがって、**クチコミに返信することで冷静に貴店の言い分を述べたり、場合によっては謝罪する**ということのほうが現実的な対処であると思います。

第5章 お店の印象を良くする クチコミ返信術

43 「星だけ評価」にも返信すべき?

★ 短くても返信するとよい

　経営者様からGoogleマイビジネスに関して「コメントがなく星だけの評価の場合は、どのように返信すべきでしょうか?」というご質問をいただくことも多いです。「返信しない」のが一番簡単ですが、うがった見かたをすれば「コメントが書かれたときだけ返信するお店なんだ…」という心証にもなりかねません。ですので、ごく短めでよいので返信することをおすすめしています。

（例）

Takuya
84件のクチコミ・267枚の写真
★★★★☆　3週間前

オーナーからの返信 3週間前

Takuya　様

ご評価をいただき、誠にありがとうございます。
またのご利用をお待ち申し上げております。

　また、「だいぶ前にもらっていて気づかなかったクチコミ」にも返信するほうが良いでしょう。いずれにしても、「返信したりしなかったり」というのが、一番印象が悪いと思います。

第5章 お店の印象を良くする クチコミ返信術

第6章 集客効果を底上げする 外部施策と管理テクニック

第7章 ここが知りたい! Q&A

143

COLUMN 5
Googleマイビジネスの「フォロー」機能について

　「フォロー」機能とは、興味があるお店などをGoogleマップのユーザーが「フォロー」する（「フォロー」ボタンを押す）ことで、その店舗からのお知らせを受け取ることができる機能です。

　「フォロー」という言葉から想像できるように、また、お店からの新着情報を入手できるというコンセプトから、この機能はGoogleマイビジネス側がFacebookページやInstagram、Twitterなどを意識してリリースしたものであると喧伝されています。GoogleマイビジネスがSNS化していっても、何ら不思議なことはありません。もしそうなれば、事業者にとって「検索集客」と「SNS集客」の両面で、Googleマイビジネスが「欠かせない」「なくてはならない」ツールになる可能性も秘めています。

筆者はGoogleマップで「鎌倉しふぉん」様をフォローしているので、「Googleマップ」アプリの「おすすめ」タブで、お店からのお知らせをチェックできる

144

第**6**章

集客効果を底上げする
外部施策と管理テクニック

Section44	Web に掲載されている店舗情報を統一する
Section45	SNS やブログを活用して相乗効果を狙う
Section46	写真で新規客にアピールできる「Instagram」
Section47	地域のお客様と接点を持つ「Twitter」
Section48	既存客の再来店を促す「LINE 公式アカウント」
Section49	友達の友達へのクチコミを生む「Facebook ページ」
Section50	写真がお客様を連れてくる「Pinterest」
Section51	検索流入を増やし、店舗への信頼を生む「ブログ」
Section52	「インサイト」で集客効果を確認する
Section53	複数人で Google マイビジネスを管理する
Section54	管理する店舗（ビジネス）を増やす／減らす

第6章 集客効果を底上げする 外部施策と管理テクニック

44 Webに掲載されている店舗情報を統一する

　これまで見てきたように、Googleマイビジネスは店舗のWeb集客（特にスマホを使う新規客の集客）にとって非常に重要なツールです。店舗の「情報」をしっかり整備し、「写真」をたくさん掲載し、トピックを「投稿」し、ユーザーの「クチコミ」に返信することこそが、Googleマイビジネスを最大限活かす方法です。

　一方、**Googleマイビジネスだけで店舗のWeb集客が十分かといえば、そうではありません**。例えば飲食店や宿泊業、美容関連業などであれば「予約・クチコミサイト」の影響が大きいのはご存知の通りです。またそもそも、「検索」行動をするお客様だけでなく、「SNSで情報を得る」ユーザーも少なくありません。第6章のはじめとして、このような「予約・クチコミサイト」「SNS」について考えていきたいと思います。

★ SNSや各種グルメサイトの店舗情報を統一する

　Googleマイビジネスのヘルプページから、改めて引用してみます。

・ローカル検索結果の掲載順位が決定される仕組み

　ローカル検索結果では、主に関連性、距離、知名度といった要素を組み合わせて最適な検索結果が表示されます。たとえば、遠い場所にあるビジネスでも、Googleのアルゴリズムに基づいて、近くのビジネスより検索内容に合致していると判断された場合は、上位に表示される場合があります。

・関連性

　関連性とは、検索語句とローカルリスティングが合致する度合いを指します。充実したビジネス情報を掲載すると、ビジネスについてのより的確な情報が提供されるため、リスティングと検索語句との関連

性を高めることができます。

（引用：https://support.google.com/business/answer/7091）

　繰り返しお伝えしていますが、当該地域近辺に事業所がたくさんある中で、Googleは「総合的な観点から」マップ上の掲載位置（リスティング順位）を決めています。これは「要素を組み合わせて」と表現されています。それでは、この「要素」は何か。それは公表されておらず、もちろん推測していくしかないのですが、**「予約・クチコミサイト」「SNS」「自社ホームページ」の情報もそれに含まれる**と考えるのが自然だと思います。

　ところで、とある「予約・クチコミサイト」「SNS」「自社ホームページ」の情報が「この事業所の情報だ」と合致させるのは、事業所側が申請できるわけではありません。Googleが「このクチコミサイトの店舗ページは、Googleマイビジネスの、この店舗の情報を表しているのだ」と機械的に判断しているのです。ですので、正しく判断されるためにも「予約・クチコミサイト」「SNS」「自社ホームページ」の情報、特に、

▶**店舗名称**
▶**所在地情報（住所表記）**
▶**電話番号**

については、Googleマイビジネスの情報と統一したほうが良いでしょう。この3つの情報を特に「NAP」といいます。

　　　「NAP」とは、

　　　▶Name（店舗や会社の名前）
　　　▶Address（所在地）
　　　▶Phone（電話番号）

　の頭文字を取ったもののこと。

　　　ウェブ上でNAPが言及（サイテーション）されるときは統一された様式になるようにしておくのが、Googleマップ検索など地域情報

147

の検索クエリに対して適切な結果を表示されるようにするのに好ましいとされている。

　ほとんどの場合は多少の表記揺れならばグーグルが吸収して同一のものだとみなしてくれるはずだが、それでも統一しておくほうがいいとされている。

　(引用：株式会社インプレス「Web担当者フォーラム」、https://webtan.impress.co.jp/g/nap)

　これら3つの情報は、「予約・クチコミサイト」「SNS」「自社ホームページ」それぞれの管理画面から編集を行ってください。

★ グルメサイトの情報が表示されることも

　神奈川県中郡大磯町に「うどん　AGATA」様があります。非常に人気のうどん店で、グルメ雑誌などにもよく取り上げられます。

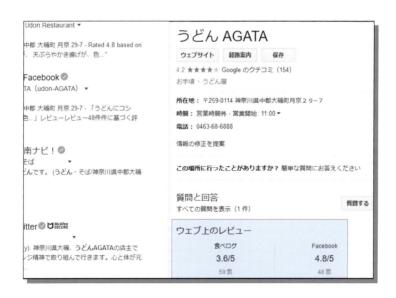

　Googleで「うどん　AGATA」という店名で検索をすると、画面右側に、

Googleマイビジネスと連動した店舗情報が出てきます。ここには「食べログ」「Facebook」のレビューも表示されています。これはつまり、**Googleが「食べログ」「Facebook」の店舗情報も参照している**ことを意味します。「うどんAGATA」様は、Googleマイビジネス、食べログ、Facebookページの「NAP」を統一しているので、このような連携もスムーズであると推測されます。

なお飲食店の場合、Googleマイビジネスは「食べログ」「ぐるなび」「ホットペッパーグルメ」「トレタ」などと業務提携をしており、ユーザーは**Googleマイビジネスの店舗ページからそれら予約サイトを通じて席の予約ができます**。筆者の自宅近くにある人気カフェ「484cafe」様のリスティングにも各種予約サイトが表示され、ユーザーは自分が使い慣れたサービスを選んで予約を進めることができます。ユーザーの立場からすると「通勤中に電車の中からでも、電話せずに予約できる」などのメリットがあり、飲食店のネット予約はますます増えていくのではないかと感じます。

「484cafe」様の店舗ページ

また飲食店の場合は、Googleマイビジネスの管理画面に各種予約サービスと連携させるコーナーがあります。画面左側の「予約」メニューから、手動で登録してもよいでしょう。ただし、「食べログ」「ぐるなび」「ホットペッパーグルメ」などへのリンクについては、自動的に表示されることもあります。

「予約」メニューから、各種予約サービスとの連携ができる

第6章 集客効果を底上げする 外部施策と管理テクニック

45 SNSやブログを活用して相乗効果を狙う

★ SNSは「ネットの中の集会所」

　この章のはじめに「Googleマイビジネスだけで店舗のWeb集客は十分かといえば、そうではない」というお話をしました。Googleマイビジネスは「検索されたときに見られる媒体」です。しかし、ユーザーは24時間ずっと検索エンジンを使っているわけではありません。下図はSNS利用者の推移です。

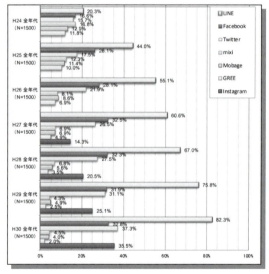

総務省情報通信政策研究所「平成30年度　情報通信メディアの利用時間と情報行動に関する調査」(http://www.soumu.go.jp/main_content/000644168.pdf)

　LINE、Twitter、InstagramなどのSNSの利用者は年々増加していることがわかります。筆者は「SNS」のことを和風に表現するときに「ネットの中の集会所」といっています。実店舗の前の歩道にお客様があまり歩いていないその瞬間に、「SNS」というネットの中の集会所にはたくさんの人が集ま

っている（厳密には出たり入ったりしている）状況を思い浮かべていただければと思います。

　その集会所において、「無料で」「何度でも」お店のことを周知するチャンスがあるわけですから、中小企業・店舗様がSNSを「しない」という手はないように思います。もちろん、**Googleマイビジネスの「投稿」とSNSの情報発信の内容を別に用意する必要はありません**。同じ投稿ネタをGoogleマイビジネスとSNSの両方で露出させれば良いでしょう。また、「投稿」機能の「詳細」ボタン（P.82参照）のリンク先としてブログやInstagram、Facebookページを設定すれば、「あ、このお店はSNSもやっているんだ」という認知拡大にもつながります。複数の接点で貴店の素晴らしさを知ってもらうほうが得策です。

★ 検索結果の順位アップにもつながる

　なお、すでにお伝えしている「ローカル検索結果の掲載順位が決定される仕組み」というGoogleの公式アナウンスでは、「ローカル検索結果では、主に関連性、距離、知名度といった要素を組み合わせて最適な検索結果が表示されます」と述べられています。

・ローカル検索結果の掲載順位が決定される仕組み

　ローカル検索結果では、主に関連性、距離、知名度といった要素を組み合わせて最適な検索結果が表示されます。たとえば、遠い場所にあるビジネスでも、Googleのアルゴリズムに基づいて、近くのビジネスより検索内容に合致していると判断された場合は、上位に表示される場合があります。

　この「知名度」とは、**「ネット上で当該ビジネスについて多くの言及があるかどうか」**のことであるといわれています。わかりやすくいえばGoogleマイビジネス以外のWeb媒体、SNSでその店舗・事業所についての情報がたくさん掲載されているかが、結果的に「Googleマイビジネスの『最適な検索結果』」に影響を及ぼすわけです。

　では、数あるSNSの中で、どのSNSが店舗のWeb集客（新規客の集客）に有効でしょうか？おすすめの順番にご紹介をしていきます。

151

第6章 集客効果を底上げする 外部施策と管理テクニック

46 写真で新規客にアピールできる「Instagram」

　Instagram（インスタグラム）は国内ユーザー数が3300万人（2019年3月）を突破したといわれるSNSです。

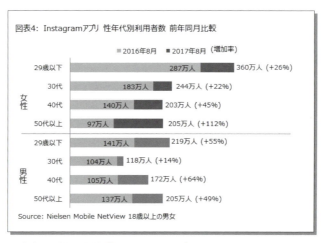

ニールセンデジタル株式会社「Instagramアプリ 性年代別利用者数 前年同月比較」
(https://www.netratings.co.jp/news_release/2017/09/Newsrelease20170926.html)

　話題になった初期のころは「10代、20代の女性向けSNSだ」といわれていましたが、ここ数年では50代以上の女性、および世代問わず男性の利用者が急増しているようです。パソコンから利用することもできなくはありませんが、基本的にはスマホで使うかたが圧倒的に多いSNSです。

　Instagramでは、それぞれのユーザーが写真か動画を投稿しています。もちろん、個人はもとより、企業やお店の立場でも無料で利用することができます。

★ ハッシュタグの使いかたが成否を分ける

では、企業やお店の立場でInstagramを運用したとして、どのようにすればお客様と接点が持てるのでしょうか？ズバリ、それは「**ハッシュタグ**」に他なりません。以下の図は、筆者が個人的に運用しているInstagramアカウントの、とある投稿です。

ハッシュタグは**自分の投稿につけられるキーワード**のようなもので、投稿ごとに**30個まで**つけることができます。半角シャープのあとに任意の言葉を書くと、それがハッシュタグとして機能します。「半角シャープと言葉には間を空けない」「＄や％などの特殊文字、スペースは使えない」などの決まりはありますが、それ以上に難しいことはありません。また、ハッシュタグは「占有」できないので、誰でも自由にハッシュタグを作ることができます。上記の投稿の場合は、次のハッシュタグをつけてみました。

#unagi #fujisawafood #shonanlife #shonan #japanesefood #japantrip #japanstyle #japan #madeinjapan #explorejapan #instagramjapan #foodstagram #lunchtime #unaju #永友一朗 #鰻重 #どんだけー #鰻料理一幸 #藤沢散歩 #藤沢ランチ #湘南ランチ #胡麻豆腐 #ふぐ料理 #かばやき #kabayaki #藤沢市打戻 #寒川ランチ #茅ヶ崎ランチ #藤沢和食 #日本料理藤沢

ところでInstagramには投稿された写真や動画を検索できる箇所があります。そこに言葉を入れて検索すると、基本的にはこの「ハッシュタグ」がついた投稿がヒットします。Instagramをやっているかたは、試しにInstagramの中で「日本料理藤沢」で検索してみてください。上記の投稿がヒットするはずです。これは「#日本料理藤沢」というハッシュタグをつけているからヒットするのです。

「どのようにハッシュタグを使っているか」という調査結果[1]によれば、Instagramでは10代～30代女性のハッシュタグ検索利用率が8割を超えています。

Instagramのユーザーたちは、友達のインスタ映え写真を眺めて「いいね！」する以上に、Instagramの中で探し物をしていると考えるのが自然です。そのような「Instagramの中で探し物をする新規客」と出会うためには、きちんとハッシュタグをつけて投稿をすることがもっとも大事なことになるのです。

★ 企業やお店が使いたいハッシュタグ

ここでは、企業やお店が使いたいハッシュタグを記します。

種類	例
市町村名、地域名	#藤沢　#湘南
一般名称	#カフェ　#ヘアサロン

＊1　株式会社コムニコ／株式会社アゲハ「調査結果の詳細　ハッシュタグの使い方」(https://blog.comnico.jp/news/sns-research-20181204)

固有名詞（店名、商品名、メーカー名、型番など）	#ほがらかカフェ　#ホームページコンサルタント永友事務所
上記を英語表記にしたもの（小文字で記載）	#cafe　#shonan
日本を表すもの	#japan　#japantrip　#madeinjapan
組み合わせ	#カフェ巡り　#カフェ湘南　#藤沢駅北口

　この中でも特に重要なのは「固有名詞」と「組み合わせ」のハッシュタグです。先ほどの調査結果でも「店名・ブランド名などの固有名詞をハッシュタグ検索する」という回答が多いです。つまり、

▶その商品を使っている人の感想を知る
▶その商品の使いかたを知る
▶その商品はどこで売っているかを確認する

などの意味で、固有名詞ハッシュタグの検索をしているものと考えられます。このような消費者に出会うためにも、固有名詞のハッシュタグは重要です。

　ところで「#カフェ」「#ヘアサロン」などの一般名称のハッシュタグは、すでにその投稿が非常に多いものです。例えば執筆時点で「#カフェ」では1550万件、「#ヘアサロン」では205万件のInstagram投稿があります。仮に貴店が投稿時にこのハッシュタグをつけたとしても、貴店の地域のユーザーに運よく見つけてもらうのは非常に難しいはずです。
　そこで、「#カフェ湘南」や「#ヘアサロン藤沢」などの言葉を組み合わせたハッシュタグも、一般名称ハッシュタグとともに併記することを筆者はご提案しています。ちなみに執筆時点では「#カフェ湘南」は4件、「#ヘアサロン藤沢」では0件という検索結果です。仮に藤沢市内のヘアサロンである貴店がInstagramで「#ヘアサロン藤沢」というハッシュタグをつけた投稿をすれば、唯一ヒットする投稿になります。「#ヘアサロン」と「#ヘアサロン藤沢」。藤沢市内でヘアサロンを探すInstagramユーザーにはどちらが出会いやすいでしょうか？

第6章 集客効果を底上げする 外部施策と管理テクニック

47 地域のお客様と接点を持つ「Twitter」

　Twitter（ツイッター）は国内ユーザー数が4500万人（2017年10月）を突破したといわれるSNSです。複数のアカウントを持つユーザーも多いとされるTwitterですが、重複はあれども、やはり相当な人数が利用していると考えて良いでしょう。Twitterも利用は無料です。

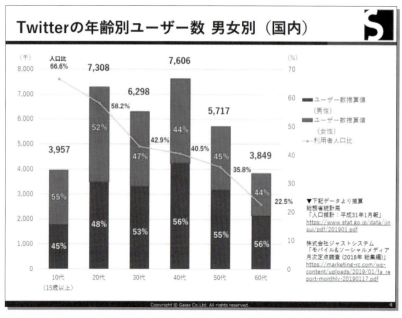

株式会社ガイアックス「Twitterの年齢別ユーザー数 男女別（国内）」(https://gaiax-socialmedialab.jp/post-30833/)

　20代はもとより**40代が多く使っている**というのは意外に思われるかもしれません。しかし筆者（46歳）の周囲でも「FacebookはしていないがTwitterは使っている」「雑多な情報が入手できるのでニュース代わりに見ている」「140文字以内に意見を収めるのが文章の訓練になる気がする」という知人もいて、確かに利用率は高いように感じます。TwitterはFacebookと違って「ニック

ネーム」で登録・運用でき、いわゆる「屋号・店名」名義のTwitterアカウントを初めから作ることができます。

★ 検索されるキーワードを投稿に入れる

このTwitterも、地域密着のご商売、つまり「お店」にはピッタリのSNSです。なぜなら、「Twitterで地域の情報を探す人が多い」からです。

神奈川県高座郡寒川町のお花屋さん「千秋園」様は、Twitterで「寒川」「花屋」「寒川神社」などよく検索されるであろう言葉を多く使っています。またそこからブログに誘導し、「Twitterを始めてから、遠方からお越しのお客様が増えた」とのことでした。真面目で明るいご夫婦のお花屋さんです。また以前、とある街の青年会議所様主催で地域イベントがありました。その告知は、

▶タウン誌（紙媒体）
▶ホームページ
▶ブログ
▶Twitter
▶Facebook

で行いましたが、イベント来場者全員に尋ねたところ、「Twitterを見て今日のイベント知り、来場した」というかたが一番多かったそうです。また、とある街の小売店様では、近くの競技場（試合のときは駐車場が混みあう）で試合があるときに「当店でお買い物をされたお客様は、当店駐車場を1日出し入れし放題でご利用いただけます」という趣旨のTwitter投稿をして、多くのお客様が来店されるそうです。そして実際にTwitterを利用されているかたはご理解いただきやすいと思いますが、鉄道の現実的な運行状況などは、ホームページやFacebook、InstagramなどよりもTwitterの情報が一番早いです。

　それぞれ、「Twitterで地域情報を探す」というエピソードを端的に表していると思います。Twitterも、Instagramと同様に**SNSの中で『検索される』」ということを念頭に置いて活用する**のがポイントです。つまり、ここでもご提案は、「お店や会社の立場でTwitterを開始し、地域のお客様と接点を持ってはいかがでしょうか」ということになります。なおTwitterはInstagramと違い、ハッシュタグをつけなくても検索に引っかかります。検索されるであろうキーワードを、投稿に入れるようにしましょう。また、**ブログやFacebook、Instagramと連動（自動連携投稿）**することができますので、「他のSNSと併用して、ついでに運用できる」という気軽さもメリットです。

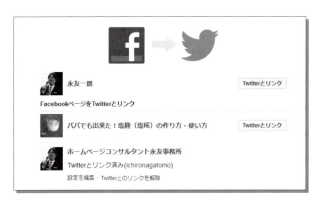

Facebookの場合は、「FacebookからTwitterをアップデート」というページ（https://apps.facebook.com/twitter/）でTwitterとの連携が設定できる

第6章 集客効果を底上げする 外部施策と管理テクニック

48 既存客の再来店を促す「LINE公式アカウント」

　LINE公式アカウント（旧称：LINE@）は、個人ではなく、店舗や企業の立場で運用するものです。個人の立場で使う「LINE」は、営業行為などの商用利用が禁じられています。一方このLINE公式アカウントは、初めから「商売用」を前提としたものなのです。LINE公式アカウントは無料から始めることができ、送信するメッセージ通数によって有料プランに変更する、というしくみになっています。

★ 新規来店のきっかけにすることも

　LINE公式アカウントの基本は**「既存客に特典やオファーを告知して再来店を促す」**という使いかたです。一度来店したお客様に「友達」になっていただき、メッセージ配信を行うという趣向です。

　静岡を中心に絶大な人気を誇る和洋菓子店「たこ満」様もLINE公式アカウントを活用しています。新商品の告知だけでなくクーポン配信や投票企画など、趣向を凝らしながら運用し、「友達」数も1万3000人以上になっています。

　もちろん既存客のリピートだけでなく、例えばGoogleマイビジネスの**投稿の「詳細」ボタンからLINE公式アカウントに誘導**し、「新規来店のお客様だけの特典」などを提案してうまく「友達」になっていただければ、「新規来店」のきっかけとして使うこともできます。

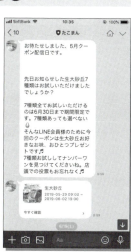

「たこ満」様のLINE公式アカウント画面

159

第6章 集客効果を底上げする 外部施策と管理テクニック

49 友達の友達へのクチコミを生む「Facebookページ」

　Facebookの中でお店や会社のことを投稿できる「Facebookページ」も、新規集客に貢献するものです。Facebookページは無料で利用できます。Facebookは基本的に「実際の知り合い、友達、関係者」などとつながって交流するものですので、**「友達の友達」へのクチコミ効果が期待できるSNS**です。

★ 30代～50代の客層にアプローチできる

　調査によれば国内アクティブユーザー数は、すでにInstagramに抜かれてしまったようです。ただし、Facebookは**30代～50代のユーザーが多い**ので、そのような客層をターゲットにしたご商売では、まだまだ使えるSNSといえるでしょう。

　神奈川県大和市の自然食品のお店「ヘルスロード」様は、健康に気をつけている働き盛り世代のユーザーに向けて積極的に情報発信をしています。品揃えが確かですし、筆者も「健康に気を使っている社長様への贈答」などでよく利用しています。Facebookページでコツコツと明るく発信する店長様の投稿がいつも楽しみです。

第6章 集客効果を底上げする 外部施策と管理テクニック

50 写真がお客様を連れてくる「Pinterest」

　Pinterest（ピンタレスト）は、国内ユーザー数は多くありませんが、独特な仕様から、これからの活用について大いに可能性を感じさせるSNSです。利用は無料です。Pinterestは**自分が好む写真をクリップボードに貼り付けて（ピンして）、眺めて楽しむサービス**です。他のユーザーと交流することはほとんどなく、その意味で「SNS」というカテゴリに入れるのはやや合わないようにも思いますが、ともあれ、海外では人気のSNSになっています。

★ 写真をきっかけに、自社ホームページに誘導できる

　Pinterestでは自分が好む写真を収集し眺めることができるわけですが、使いかたはそれだけではありません。収集した（あるいは閲覧した）写真に基づき、Pinterestから「このような写真が好みではないでしょうか」のように、**自動的にどんどんと写真を提案してくれる**のです。Pinterestを開くと、その「Pinterestから提案されたたくさんの写真」が溢れるほど表示されます。

　その写真には説明文をつけることもでき、また他のWeb媒体へのリンクを張ることもできます。これは主にその写真をPinterestにアップしたユーザーがつけます。換言すれば、**「写真をきっかけにして、自社ホームページなどに誘導することができる」**ことを意味しています。例えばPinterestで「ソファ」の写真をよく見るユーザーには、自動的に「ソファ」もしくはソファを含むインテリアの写真がどんどん表示されます。そこで何かの写真にピンときたユーザーは、その写真をクリックし、場合により、もともとその写真が掲載されていたホームページなどにアクセスができるのです。

　次ページの写真は、筆者が旅行先で撮影して自分のブログに掲載した西湖の逆さ富士です。併せて、そのブログから画像をPinterestにピンしたものです。執筆時点で、過去30日で225回（Pinterestの中で）閲覧され、そのうち1回、リンクをクリックした（つまりブログにアクセスした）という統計になっています。地味な数字ですが、**投稿して放っておくだけで、極端にいえば「半永久**

161

的に」アクセスを得るチャンスがあるわけです。

このPinterestでの「写真の提案」は、その写真が最近投稿されたかどうかは、ほとんど関係しません。逆にいえば、いつ見ても価値がある写真は、その投稿が古いか新しいかに関わらず、ずっとアクセスを得ることができます。

▶レシピ
▶観光
▶ファッション
▶インテリア
▶花
▶宝飾品
▶家事などライフハック情報（掃除のコツなど）

このような、いつでも参考にしたくなる、時代を問わない写真をアップできる事業者様は、Pinterestの利用を検討してみてはいかがでしょうか。

第6章 集客効果を底上げする 外部施策と管理テクニック

51 検索流入を増やし、店舗への信頼を生む「ブログ」

★ ブログの経営効果とは？

ブログは「SNS」ではありませんが、Googleマイビジネス以外のWeb媒体という意味でご紹介します。端的に申し上げて、ブログの経営効果は2つあります。

▶ （1）検索に強い

ブログは、そのカタチ（プログラム構造や仕様）から、もともと**検索エンジンと相性が良い媒体**です。検索エンジン対策（SEO）を考えたときに、ブログというツールを外しては考えられません。「地域で」「検索される」ご商売、例えば各種の士業や整体院、サービス業のかたにはうってつけのツールです。

▶ （2）経営者やスタッフの人柄、考えかた、仕事ぶりなどが出やすい

ブログは「読み物」（コラムや日記のようなもの）ですので、書き手の人柄、考えかた、仕事ぶりなどが露わになります。そのため、「あ、この店長さんはきっと真面目なんだな。信頼できそうだな」「●●についてすごく詳しいんだな」などがわかり、「その価値がわかるお客様」の来店に大きく貢献するのです。

とある街の不動産会社様をコンサルティングさせていただいたとき、メインテーマは「ブログの改善」になりました。ブログのキーワードを見直し、また人柄とエピソードがわかる内容に改善していったところ、従来よりアクセス数は8倍になり、「さばけないほどの」（経営者様談）引き合い、受注につながったこともあります。

163

★ コツコツ続けることが大きな成果につながる

　ブログはWeb集客にとって非常に重要で、しっかりやれば大きく成果も出るツールですが、毎日ではなくとも継続してコツコツやっていくことが性に合わない企業様には向いていないツールです。逆にいえば、その「**真面目にコツコツやる**」**ことが試されているツール**であるともいえます。

　神奈川県藤沢市にて革製品の修理をなさっている「革のクリニック」様のブログは、修理内容やエピソードが週2回の割合で更新されています。ブログを拝見すると、革製品への愛情が感じられ、また高い技術力も伝わってきます。筆者も個人的に革靴の修理を何度となくお願いしています。また、検索エンジン経由で「ブログを見た」という遠方のお客様からの修理依頼も増えたとのことで、「ブログを始めて本当に良かった！」とおっしゃっています。

第6章 集客効果を底上げする 外部施策と管理テクニック

52 「インサイト」で集客効果を確認する

　ここでは、Googleマイビジネスの「アクセス解析」機能である「インサイト」について考えます。Googleマイビジネスにも、簡易的ですがアクセス状況を知ることができるコーナーがあるのです。管理画面の左メニューから「インサイト」をクリックしてください。

★ 「ユーザーの検索方法」からわかること

　一番上に表示される「ユーザーがビジネスを検索する方法」から解説します。この情報からは、貴店の店舗ページに「どのような方法でアクセスしたか」がわかります。Googleマイビジネスのヘルプでは、このように説明されています。

直接検索数：お客様のビジネスの名前や住所を直接検索したユーザー。

間接検索数：提供している商品やサービス、またそのカテゴリを検索し、お客様のリスティングが表示されたユーザー。

ブランド検索数：お客様のブランドや、お客様のビジネスと関連のあるブランドを検索したユーザー。このカテゴリは、ブランド検索でお客様のリスティングが1回以上表示された場合にのみ表示されます。

（引用：https://support.google.com/business/answer/7689763）

筆者の場合で置き換えると、以下のようになります。

▶直接検索…「ホームページコンサルタント永友事務所」
▶間接検索…「コンサルタント」「研修」「中小企業　コンサル」など
▶ブランド検索…「永友一朗」や「ながともいちろう」など

　このうち、固有名詞で検索される直接検索およびブランド検索は、「貴店のことが知られているかどうか」という**「知名度」を示すバロメーター**になります。もしこれらの割合が低く、「間接検索」の割合が非常に高い（例えば95％以上である）ようならば、貴店および貴店オリジナル商品などの「知名度が低い」ことを意味しているかもしれません。この場合は、

▶チラシなどの紙媒体や看板で宣伝する
▶異業種交流会や展示会で交流する
▶ニュースリリースなど「広報」に力を入れる

などで知名度アップを目指しましょう。

★ 「検索に使われた言葉」からわかること

　画面を下にスクロールすると、「ビジネスの検索に使用された検索語句」というコーナーが見えてきます。

ビジネスの検索に使用された検索語句・フィードバックを送信	⑦
お客様のビジネスを検索したユニークユーザーが最もよく使用した検索語句	

1か月 ▼

	検索キーワード	ユーザー
1	コンサルタント	28
2	永友	11
3	google	<10
4	tyuusyoukigyou	<10
5	ながとも	<10
6	コンサル	<10

　ここでは「貴店のビジネスを検索したユーザーがもっともよく使用した検索語句」が表示されます。検索語句とは、ユーザーが「調べたい」と思って「検索行為をした」言葉になります。つまりは「顧客ニーズ」です。お客様がどのようなことを求めているかがわかるので、とある飲食店様では、この検索語句を参考にGoogleマイビジネスの投稿の内容を考えているそうです。

　なおこの箇所については、まったく想定していない語句が表示されることもあります。ある期間において、筆者の「ビジネスの検索に使用された検索語句」には「バッティングセンター　藤沢」という検索語句も含まれていました。もちろん筆者はバッティングセンターを経営しているわけではありません。じつは行ったことも、バッティングセンター様のホームページコンサルティングをしたこともありません。しかしなぜ「バッティングセンター　藤沢」で筆者のビジネス（ホームページコンサルタント永友事務所）が検索されたのか。まさにこれが、マップ検索の多様性を表しているように思います。推測ですが、「藤沢市内でバッティングセンターを探しているユーザーが、偶然、ホームページ改善を考えていた経営者様で、マップ上にたまたま出ていたホームページコンサルタント永友事務所をクリックした」というような動きであると想像できます。

★ 「検索に使ったGoogleサービス」からわかること

その次に「ユーザーがビジネスを検索したGoogleサービス」というコーナーが見えてきます。

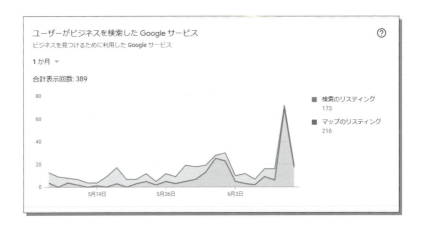

こちらは見ての通りですが、

▶検索のリスティング：「Google検索」を使って検索した結果、リスティングが表示された数
▶マップのリスティング：「Googleマップ」を使って検索した結果、リスティングが表示された数

になります。ちなみに上図の折れ線グラフで右のほうのアクセスが増えていますが、これは「1日200円まで」という予算で「藤沢市内のみ」でローカル検索広告（Google広告）を実施したためです（P.58参照）。ローカル検索広告をすると、お金がかかるぶん、ほぼ間違いなく貴店のリスティング閲覧数は増えます。

★「ユーザーの反応」からわかること

さらに下にいくと、「ユーザーの反応」というコーナーが見えてきます。

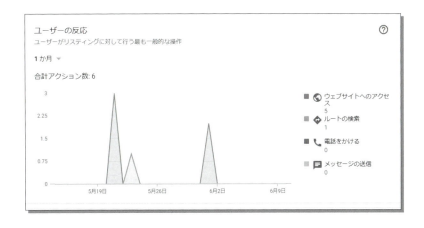

こちらも見ての通りですが、

▶ウェブサイトにアクセスした数
▶ルート（貴店までの行きかた）を調べた数
▶電話をかけた数
▶メッセージを送信した数

がわかります。飲食店では「ルートの検索」、整体院などでは「電話をかけた数」の数値が高くなるのではないでしょうか。なおこの場合の数値は、**リスティングの情報から直接行った行動の数**です。「マップでたまたま、ホームページコンサルタント永友事務所を見つけた。マップを閉じ、その日の夜に『ホームページコンサルタント永友事務所』でGoogle検索して直接ホームページを見た」という場合は、インサイトにおける「ウェブサイトへのアクセス」に含まれません。また、「詳細」ボタンからホームページを見た、などの「投稿」からのアクションも含まれません。

★ その他の項目について

インサイトではこの他にも、

▶ルートのリクエスト（ユーザーがビジネスまでのルートを検索した地域）
▶電話（ユーザーがビジネスに電話をかけたタイミングと回数）
▶混雑する時間帯
▶写真の閲覧（写真の表示回数が、同業他社と比較して表示されます）
▶写真の枚数（写真の掲載枚数が、同業他社と比較して表示されます）

などがわかります。表向きは「Googleマイビジネスのアクセス数などが確認できる便利なコーナー」ですが、Googleとしては「これらの数値がきっかけ、刺激となり、広告を出すオーナーが増える」ことを意図しているように思います。インサイトの画面の中に「同業他社よりも…」という言葉が多いのも、その表れであると思います。

「ルートのリクエスト」では、どの街から経路を調べられたかの目安を知ることができる

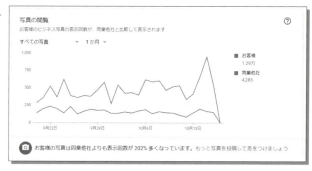

「写真の閲覧」では、業種や規模が似ている会社との比較が示される

53 複数人でGoogleマイビジネスを管理する

　経営者や店長だけでなく、現場スタッフも含めてGoogleマイビジネスの情報を管理したい場合もあるでしょう。あるいは経営コンサルタントやWeb制作会社など、第三者の力を借りて管理するケースもあります。そのような場合のために、Googleマイビジネスでは情報を管理する「ユーザー」を増やせるようになっています。各ユーザーには権限を設定することができ、それぞれ行えることが異なります。権限の種類はオーナー、管理者、サイト管理者の3種類です。

▶オーナー：すべての機能を使うことができる
▶管理者：管理するユーザーの追加／削除、リスティングの削除という重要な機能を除いては、オーナーと同じ機能を使うことができる
▶サイト管理者：顧客とのコミュニケーション、投稿や写真の公開、クチコミへの返信代行が行える

　より詳しくは「https://support.google.com/business/answer/9178945」を参照してください。

★ 管理するユーザーを追加する方法

手順❶ 管理するユーザーを追加する方法を見ていきましょう。管理画面の左メニューにある「ユーザー」をクリックします。

手順❷「権限を管理」という小窓が開きますので、右上の「新しいユーザーを招待」をクリックします。

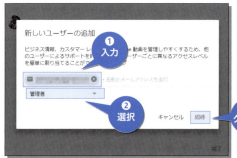

手順❸ ユーザー権限を付与したいスタッフのメールアドレスを入力し、「役割を選択」から適宜役割を選択して「招待」をクリックします。

手順❹ そのスタッフに「ユーザーとして招待されている」旨のメールが届くので、メールを承諾することで無事にユーザーに加わることができます。万が一「招待メールが届かない」というときは、「ブランドアカウント」というページ（https://myaccount.google.com/brandaccounts）から「保留中の招待」というコーナーをご確認ください。

★ 複数人で管理することのメリット

　中小企業・店舗様のWeb運営の現場では、「一人でWeb運営を頑張る」というケースが多いように感じます。現場スタッフは皆忙しい、とか、Webに詳しいのは自分だけだから…とか、いろいろなご事情があると思います。しかしながら、筆者はできるだけ「複数のスタッフがWeb運営に関わること」をご提案するようにしています。理由は以下の4点です。

▶ (1) ひとりだと「やらなくなる」「滞る」「Web以外の仕事が忙しくなってしまった」など、運営停滞のリスクがあるから

　意外なことですが、Webも「なまもの」で、イキがあるかないかが雰囲気で伝わってしまうものです。Web発信が停滞した印象だと、ひいては、その事業所そのものが停滞した印象になってしまうものです。その意味でも、輪番制にするなど、できるだけ複数のスタッフが関与することで、Webにフレッシュさを保つことができるのです。

▶ (2) 複数で運営したほうが、投稿のネタなどに「ふくらみ」が出るから

　Web運営を一人で抱え込むと、どうしても「視点」が偏りがちになります。複数のスタッフで発信することによってさまざまな視点が入り、より多くのお客様に訴求できる可能性が高くなります。

▶ (3) スタッフ同士のコミュニケーションのきっかけになるから

　仕事場ではおとなしいスタッフがWeb発信では饒舌になったり、また日ごろ話さないような趣味の話などを発信したりすることがあります。このようなことでスタッフ同士（もしくは役員とスタッフ）のコミュニケーションが円滑になった事例は数多くあります。

▶ (4) Webを運営することは「経営」を考えることそのものだから

　大げさな話かもしれませんが、筆者は「Webを考えることは経営を考えることと同義である」といつもお話ししています。経営者様においても、現場スタッフが、ゆくゆくは管理職、つまり経営を推進する立場に立ってほしいと願っているに違いありません。「どのような投稿がお客様に喜ばれるのか？」「どのようなキーワードがアクセス増加をもたらすのか？」「このサービスにもっ

とも価値を見出すお客様は誰か？」など、Web発信を考えることは、商売そのものを考える、とてもよい訓練になります。

　ともあれ、貴店のGoogleマイビジネスもユーザーを複数置くことで、リスクを回避しながら、社内活性化、スタッフ教育などを念頭に、うまく活用していただきたいと願っています。

★ "誤爆"に注意する

　1年ほど前に実際にあった話です。とある街の「ブライダルパーティーもできるレストラン」についてGoogleマップで調べていたときのことです。「写真」をくまなく見ていたところ、素敵な外観や食事の写真、花やウェルカムボードの写真の中に、いきなり「手帳」の写真が混在していました。そこには「●●様に予約確認の電話！」「見学の●●様に追っかけの電話する！」などが書かれており、名字だけですがお客様と思しき名前も書かれていました。
　どうやら、何かの手違いでスタッフの手帳が写され、それがGoogleマイビジネスの「写真」に掲載されていたようです。当該店舗に連絡しようと思った矢先に、写真は削除されていました。写真の内容や、写真が首尾よく削除されたことから考えても、Googleマイビジネスの管理者側からの「手違い写真投稿」だったと推測されます。

　このように、「手違いでうっかり、意図しない内容をネットに掲載してしまう」ことを「誤爆」といったりします。複数人でGoogleマイビジネスを管理する場合も、やはり、相互確認といいますか、**お互いのチェックは必要**であろうと思います。
　管理を任せることと、「丸投げする」ことは違います。Googleマイビジネスに限らず、ネットの管理を誰かに「丸投げ」して良いことは一つもありません。誤爆は、大げさにいえばコンプライアンス違反のリスクにもつながります。「お互いのチェック」ということも念頭において、複数人でのGoogleマイビジネス管理をご検討ください。

第6章 集客効果を底上げする 外部施策と管理テクニック

54 管理する店舗（ビジネス）を増やす／減らす

★ 新しいビジネスを追加するには？

　ここでは、基本は実店舗でのご商売で、それに関連する「配達のみを行う新サービス」を別途立ち上げたと仮定して、「管理する店舗（ビジネス）を増やす方法」を見ていきましょう。

手順① 管理画面の左メニューにある「新しいビジネスの追加」をクリックします。

手順② 「ビジネス名を入力してください」という画面になりますので、適宜、追加したいビジネスの名称を入力して「次へ」をクリックします。

手順③ 「ユーザーが実際に訪れることができる場所を追加しますか？」と聞かれます。今回は「配達のみを行うサービス」という想定なので「いいえ」を選び、「次へ」をクリックします。

手順❹「サービスの提供地域を指定（省略可）」という画面になります。「省略可」とはいえ、配達地域を示せばGoogleマップなどで顧客に出会うチャンスが広がりますので、できるだけ配達地域を指定しましょう。適宜入力し、「次へ」をクリックします。

手順❺「ビジネスのカテゴリを指定します」という趣旨の画面になります。自社サービスにもっとも近いと思われるカテゴリを選んで「次へ」をクリックします。

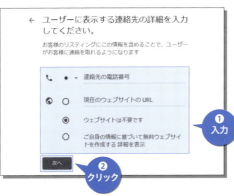

手順❻「ユーザーに表示する連絡先の詳細を入力してください」という画面になります。電話番号かURL（ホームページアドレス）のいずれかを必ず入力し、「次へ」をクリックします。

手順❼「終了してこのビジネスを確認する」という画面になります。オーナー確認をするメリットが書かれていますのでよく読み、「終了」をクリックします。

手順❽ 「確認のため、送付先住所を入力してください」という画面になります。この「確認」とはオーナー確認のことで、「実店舗ではなく、配達だけのサービス」の場合は「ハガキ」での確認となっているようです。住所を入力して「次へ」をクリックします。

★ ビジネス情報を削除するには？

　これまで「新しいビジネスを追加する」方法を見てきました。今度は逆に、ビジネス情報を削除する方法を確認していきましょう。以下の手順でビジネス情報を削除することができますが、スポット名や所在地情報は引き続きマップ上に表示されますので覚えておきましょう。

手順❶ 管理画面の左メニューで「ビジネス情報を管理」をクリックします。

手順❷ 既存のビジネス情報一覧が表示されます。

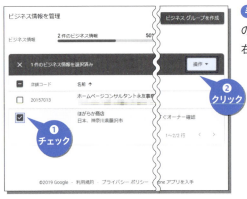

手順❸ 削除したいビジネス情報の左側の「□」にチェックを入れ、右上の「操作」をクリックします。

手順❹ メニューが表示されるので、一番下の「ビジネス情報を削除」をクリックします。

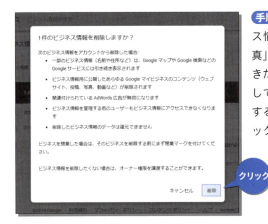

手順❺ 注意書きの通り、ビジネス情報を削除すると「投稿」「写真」など、管理者として発信してきた情報が削除されますので注意してください。よく読んで、了解する場合は右下の「削除」をクリックします。

第 **7** 章

ここが知りたい！
Q&A

Q1　投稿や写真で気をつけるべきこととは？

Q2　投稿のネタが思いつかない！

Q3　どんな検索キーワードを選べばよい？

Q4　店内をぐるっと見渡す写真はどう用意する？

Q5　Google マイビジネスの運用中に困ったら？

Q6　Web 活用について相談する機関はある？

Q7　Google マイビジネスを活用できている状態とは？

第7章 ここが知りたい！ Q&A

Q1 投稿や写真で気をつけるべきこととは？

　セミナー後の質疑応答の時間で、「ホームページ作りで気をつけなければならないことはありますか？」というご質問をいただくことがあります。「気をつける」という言葉が色々な内容を含みますので、意外にお答えが難しいご質問ですが、概ね「**文章表現などについて気をつけること**」というご質問であることが多いようです。

　法令や規則の意味において気をつけることは、以下のポイントでしょう。

▶ **産業財産権（工業所有権）**

　部品、製品などの写真をメーカー（製造元）に無断で使用しない。また掲載には明確なOKをもらうこと。特許など、工業製品は秘匿管理が厳しいです。

▶ **著作権**

　他人の著作物を掲載しない。新聞雑誌、テレビ画面のキャプチャ掲載も違法です。

▶ **肖像権（迷惑防止条例違反の可能性）**

　許可なく他人の顔写真を掲載しない。お祭りなど群衆の写真でも、個人が特定できそうな場合はモザイク処理がベターです。なお実務上、お客様の顔写真をSNSなどに掲載したいことは多いと思います。この際は口頭でよいので「SNSに掲載しても良いですか？」と了承を得ましょう。特にお子さんの写真について、ネット上に掲載されるのを嫌う親御さんは多いです。

▶ **薬機法**

　「特産フルーツでお肌がプルプルに」など、効能効果表示は避けましょう。

　また、法令や規則に違反していなくても「**他社の批判**」「**政治や宗教上の思想**」などについてGoogleマイビジネスで投稿することは、店舗集客という観点からは一考を要するものになります。

180

第7章 ここが知りたい！ Q&A

Q2 投稿のネタが 思いつかない!

　投稿のネタがなかなか思いつかないときは、「パターン」に当てはめて考えることをおすすめします。一つのヒントとして、以下のようなパターンはいかがでしょうか。ネタ探しリストとしてご活用ください。

定番ネタ系

▶新商品、新メニュー、入荷情報を告知する
▶ブログを書き、それを告知する（ブログに誘導する）

ハウツーネタ系

▶「〜とは？」など、用語を説明する
▶「〜の仕方（方法、手順）」を解説する
▶「〜の選びかた」を解説する
▶「〜するときのコツ」を解説する
▶「ビフォアアフター」を説明する

汎用ネタ系

▶お店の「利用例（エピソード）」を説明する
▶地域のこと（お祭、開花情報など）を書く

　また、以下のような発想で「投稿ネタを膨らませていく」という考えかたもあります。

▶季節で分ける…「春先の●●」「梅雨明け時に行いたい●●」
▶年齢で分ける…「シニアのかた向けの●●」「卒園式に向けた●●」
▶時期で分ける…「初めて●●するかたの▲▲」「何度も××してしまうかた向けのコツ」

181

第7章 ここが知りたい！ Q&A

Q3 どんな検索キーワードを選べばよい？

　ネットの向こうのお客様と出会うチャンスを増やすために、Web発信では「よく検索されるキーワード」を使いたいものです。それでは、お客様はどのようなキーワードで検索して、貴店のリスティングにやってくるのでしょうか？もちろん第一義的には「インサイト」の「ビジネスの検索に使用された検索語句」にて確認するのが良いでしょう（P.167参照）。しかし、じつは一番おすすめなのは新規来店されたお客様に聞くことです。「どんなキーワードで検索されたのですか？」と尋ねると、「お客様が使う言葉」が生々しくヒアリングできるので、新規接客時のマニュアルに「ネット経由の新規来店の場合は検索キーワードを尋ねる」というのを含めてほしいと思います。

　一方、「ツール」として有用なものには以下のものがあります。

Googleトレンド

　Googleトレンド（https://trends.google.co.jp/trends）は、Google検索においてどんなキーワードで検索されているのかを知ることができる、Google公式の無料サービスです。検索の絶対数というよりも、相対的な「流行度合い（トレンド）」を折れ線グラフで見ることができます。例えば貴店が紳士服店、あるいはテーラーだとします。すると、「注文服」で検索する人はどれくらいいるのか気になりませんか？

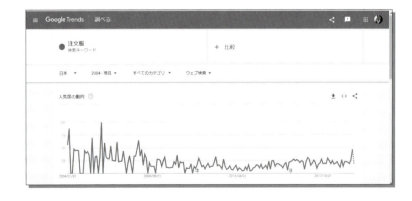

左図は「注文服」で検索された度合いを、2004年から現在まで折れ線グラフで示したものです。このGoogleトレンドは、キーワードの「比較」ができることがポイントです。試しに「＋比較」というところに「オーダースーツ」と入力して調べてみましょう。

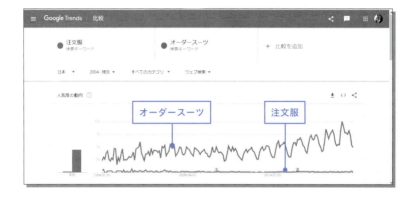

　繰り返しですが、指標は「相対的」なものになります。グラフを確認すると、「注文服」よりも「オーダースーツ」のほうが非常に多く検索されており、かつ、その検索度合いは上昇傾向にあるのがわかります。では、貴店が紳士服店、あるいはテーラーだとすれば、「注文服」と「オーダースーツ」のどちらのキーワードを使ってWeb発信すべきと考えるでしょうか？基本的には、「オーダースーツ」で勝負したほうが良さそうですね。ただし、あえて逆張りで「注文服」というキーワードでブログ記事などを書く考えかたもありますので、余力があればお試しください。

goodkeyword

　goodkeyword（グッドキーワード、https://goodkeyword.net/）は、Google検索などで「よく使われる検索キーワードや、その組み合わせ」がわかるシンプルで優れた無料ツールです。Web活用助言を生業にしている人のほとんどが使っていると思います。
　goodkeywordの特に「Googleサジェスト」というコーナーを使えば、Google検索でどんなキーワードが使われているかがわかります。「ああ、これは予想通りだね」というキーワードもあれば、思いもよらないキーワードを発見することもあって非常に役立ちます。

第7章 ここが知りたい！ Q&A

Q4 店内をぐるっと見渡す写真はどう用意する？

　他店のGoogleマイビジネスを見ていると、「店内をぐるっと見渡す写真」が掲載されていることがあると思います。
　このような「店内をぐるっと見渡す写真」は「360°写真」といわれています。360°写真は、一般的には「ストリートビュー認定フォトグラファー」に有償で依頼し、撮影・アップロードをしてもらうことがほとんどです。Googleでは「近隣の認定フォトグラファー」を検索できるページを設置していますので、ご興味があるかたは以下のページから検索してみてください。

▶https://www.google.co.jp/intl/ja/streetview/contacts-tools/

　繰り返しになりますが、「ストリートビュー認定フォトグラファー」は「店内の」360°写真を有償で撮ってくれる会社ですので、店舗外の、公道のストリートビュー写真には関与していませんのでご注意ください。

国内で初めてGoogleストリートビュー認定フォトグラファーの認定を受けた、有限会社データディスク様のホームページ（http://datadisk.jp/）

第7章 ここが知りたい！ Q&A

Q5 Googleマイビジネスの運用中に困ったら？

　中小企業や店舗のWeb運営は、おひとりで行っているというケースが多いと思います。その場合、Googleマイビジネスを運用する中で困ったことがあったらどこを見ればよいでしょうか？まずご確認いただきたいのは**「ヘルプ」ページ**です。ヘルプでは、各メニューの考えかたや操作について説明がされています。

Googleマイビジネスのヘルプページ（https://support.google.com/business/）

　ヘルプページを見ても解決できないという場合は、**「Googleマイビジネスのヘルプコミュニティ」**を見ると同様の悩みについてのアドバイスが見つかるかもしれません。このページはユーザー同士の「相互お助け掲示板」です。過去の質問の中から解決のヒントが見つかるかもしれませんし、過去に質問がないようであれば新規に質問することもできます。「Googleマイビジネス ゴールドプロダクトエキスパート」のようなプロフェッショナルな回答者から一般ユーザーまで、貴店の質問に答えてくれるかもしれません。

Googleマイビジネスのヘルプコミュニティのページ（https://support.google.com/business/community)

185

第7章 ここが知りたい！ Q&A

Q6 Web活用について相談する機関はある？

　そもそもの話になりますが、「Webを活用して販売促進・販路拡大をしたい」というときに、その「アドバイス」はどこで受けられるのでしょうか。まずおすすめしたいのは、事業所所在地に必ずある「商工会議所」もしくは「商工会」という経営支援機関に相談することです。

　商工会議所／商工会は、中小企業の経営改善について多くの指導経験があります。直接的な課題解決のアドバイスだけでなく、「活用できる補助金がある」「その専門家がいて斡旋できる」など、幅広い提案をしてくれます。また、地域のビジネス情報に詳しいので、特に地域密着型のご商売である「お店」は、商工会議所／商工会にまずは相談をしてみることを強くおすすめします。

日本商工会議所ホームページ（https://www.jcci.or.jp/）

全国商工会連合会ホームページ（https://www.shokokai.or.jp/）

原則的に、商工会議所／商工会はその「会員」に対して相談対応をします。継続的な事業発展のためにも「入会」することを強くおすすめしますが、諸々なご事情でまだ入会できないというケースもあるでしょう。そのような場合には、国が設置した無料の経営相談所「よろず支援拠点」を利用することがおすすめです。「よろず支援拠点」は、全国の都道府県に設置されており、無料にて経営相談ができます。ネット活用なども含めてICTに強いコーディネーター様もいらっしゃいます。

よろず支援拠点全国本部ホームページ（https://yorozu.smrj.go.jp/）

　このほか、都道府県や市区町村で独自に経営支援機関を設置している場合もありますし、信用金庫などの金融機関が各種専門家と連携して経営相談を行うこともあります。「誰に相談したらよいかわからない」という相談こそ、こういった公的な経営相談機関に問い合わせるのが良いでしょう。

第7章 ここが知りたい！ Q&A

Q7 Googleマイビジネスを活用できている状態とは？

　Googleマイビジネスを「うまく使えている」というのはどういう状態でしょうか？日々ネット経由での売り上げが明確になるネットショップとは違い、実店舗様ではGoogleマイビジネスの運営成果をダイレクトに感じるのは難しいかもしれません。しかし例えば、

▶ 自社ホームページの検索順位に大きな変動がないのに、来店や電話問い合わせが増えた
▶ 「クチコミを見てきた」というお客様が増えた
▶ 投稿機能でPRした商品／サービスについての引き合いが増えた

といった動きがあったとき、それはGoogleマイビジネスの成果である可能性が高いように思います。厳密には、**新規のお客様に「何を見て来店に至ったのか？」をヒアリングする仕組み**が必要です。ここではまとめとして、「Googleマイビジネスでやるべきことチェックリスト」を記します。日々のWeb運営で参考にしていただければ幸いです。

● Googleマイビジネスでやるべきこと

チェック	やるべきこと
☐	週に1度程度「投稿」をしていますか？
☐	写真を追加していますか？
☐	祝祭日などの特別営業時間について掲載していますか？
☐	クチコミに返信をしていますか？
☐	お客様に、クチコミを書いていただくように案内していますか？

ある意味で、「Googleマイビジネスでやるべきこと」は非常にシンプルで簡単なことです。このチェックリストを参考にGoogleマイビジネスの運営を見直した個人向けサービス業様は、閲覧数などの数字が向上しました。

	2019/5/10時点	2019/6/7時点
閲覧数	1071	2491
検索数	810	1844
アクティビティ（全般）	253	1534
アクティビティ（ウェブサイトにアクセス）	9	19
アクティビティ（写真の閲覧）	243	1510

当初、この事業者様にGoogleマイビジネスのご提案をしたときの反応は否定的なものでした。

「うちの会社……地図って関係あるんでしょうか？」

確かに業態からいえば、事業所の所在地を示す意味での「地図」は無関係ともいえました。しかし、スマホでの集客を踏まえるとGoogleマイビジネス活用は欠かせないと何度もご提案をし、また事業者様も根気強く情報発信をしてくださいました。今ではGoogleマップからの問い合わせも増加し、指名検索や公式ホームページのアクセス数も増え、従来の個人向けサービスを軸に外国人向け／法人向けの新サービスもリリースして、ますます活発に事業運営をなさっています。

コンサルティングやセミナーでGoogleマイビジネス活用をご提案し、その後きちんと実践している事業所様にうかがってみると、「地図を見て来ました、というお客様が増えてきた意味がやっとわかった」「もっと早く知っていればよかった」「いまネット集客で一番欠かせないツールです」と口々におっしゃいます。

読者の皆様も、ぜひ「今すぐ」Googleマイビジネス活用の実践を始めてみてください。スマホの向こうで、お客様がきっと待っています。

おわりに

　2001年以来、私は神奈川県内を中心に中小零細企業様のWeb活用についてアドバイス、サポートをしています。その中で、「商売をなんとかしたい！」という経営者様にたくさんお目にかかってきました。

　Googleマイビジネスは、「無駄なく、無理なく、効果的に」運用できるWebツールとして本当におすすめできるものです。「ホームページコンサルタント」を名乗る私が申し上げるのはおかしいかもしれませんが、Googleマイビジネスは特に小売・飲食・サービス業様にとって「ホームページよりも先に整備、運用すべきもの」と断言できます。

　同時に、逆説的ですが、Googleマイビジネスをより活用するためには、自社のホームページやSNSなどもしっかり整備したほうが良いということを、自然に理解できるようになると思います。もっといえば、Web活用とはすなわち、目の前のお客様にいかにご満足いただくかという「商売の基本」と根本が同じであることも理解できると思います。

　今回、株式会社技術評論社の石井様より執筆の打診をいただき、Googleマイビジネス活用やクチコミ対応についての書籍を世に出すことができました。18年間の思いを込めて執筆したつもりですが、石井様の献身的なアドバイスと編集、細やかなコミュニケーション、励ましがなければ成り立たなかったと思います。石井様には心から感謝申し上げます。

　Googleマイビジネス（マップ）を活用され、ぜひ貴社の魅力を発信してください。それがすなわち、貴店の商売繁盛、そしてお客様の笑顔と地域の発展を生み出すものと確信しています。

2019年11月

永友一朗

英数字

360°写真	184
APSORAの法則	103
Facebookページ	160
goodkeyword	183
Googleアカウント	28
Googleアプリ	12, 56
Google広告	58
Googleトレンド	182
Googleマイビジネス	10, 36
Googleマイビジネスアプリ	37
Googleマイビジネスヘルプ	185
Googleマップアプリ	13, 56
Googleローカルガイド	72
Instagram	152
LINE公式アカウント	159
NAP	147
Pinterest	161
QRコード	120
Snapseedアプリ	74, 77
Twitter	156
URL	46

あ行

アイテム	50
アクセス解析	165
イベント（投稿）	83, 86
インサイト	165
ウェブサイト	90, 92
営業時間	44
エピソード	108
オーナー確認	31
オノマトペ	107
お店の特徴を表す言葉	116

か行

開業日	54
ガイドライン	18
概要のヘッダー（ウェブサイト）	97
概要の本文（ウェブサイト）	97
カテゴリ	39
管理画面	36
管理店舗の追加／削除	175
管理ユーザーの追加	171
クーポン（投稿）	83, 86
クチコミの効果	118
クチコミの削除	142
クチコミ返信の効果	123
クチコミ返信の操作	125
クレームメール返信　基本12項目	131
クロージング	114
検索キーワード	166, 182
高評価クチコミへの返信	127
顧客ニーズ	167
誤爆	174

さ行

サービス	49
最新情報（投稿）	83, 84
指名検索	26
写真の掲載	63
写真の削除	64, 65
肖像権	180
商品（投稿）	83, 87
ストリートビュー	60
セクション	50
説明（ウェブサイト）	96
説明（店舗情報）	52
属性	40

た行

著作権	180
低評価クチコミへの返信	129, 131
低評価クチコミ返信　基本8項目	136
テーマ（ウェブサイト）	92
店舗ページの表示	55
電話番号	46
投稿	80
投稿のコピー	88
特別営業時間	45

な・は行

ネットショップ	115
ハッシュタグ	153
ビジネス拠点	42
ビジネス情報	52
ビジネスプロフィール	26, 81
ビジネス名	38
非店舗型（エリア限定サービス）	43
フォロー機能	144
ブログ	163
プロフィールの略称	48
文末で誘う	114
ページタイトル	96
ヘッドライン（ウェブサイト）	95
星だけ評価への返信	143
ボタンの追加（ウェブサイト）	94
ボタンの追加（投稿）	82, 85

ま・や・ら行

マインドシェア	25
メインのボタン（ウェブサイト）	94
メール通知の設定	128
メニュー	49
予約サービス	47, 149
リスティング	20

■著者略歴

永友一朗

ホームページコンサルタント永友事務所代表。中小企業や店舗のWeb活用に特化しWebコンサルティング、セミナー講師、執筆を行う。また炎上等SNSリスクコンプライアンスやクチコミ返信法に関し、上場企業や地方自治体にて研修講師を務めている。Google認定GMB（Googleマイビジネス）シルバープロダクトエキスパート／Googleローカルガイド（レベル9）／商工会議所・商工会等公職登録。
UnL：httpc://8-8-8.jp/

● カバー／本文デザイン ……………………萩原睦（志岐デザイン事務所）
● DTP ……………………………………………BUCH⁺
● 編集 ……………………………………………石井亮輔

■問い合わせについて

本書の内容に関するご質問は、FAXか書面、弊社お問い合わせフォームにて受け付けております。電話によるご質問、および本書に記載されている内容以外の事柄に関するご質問にはお答えできかねます。あらかじめご了承ください。

〒162-0846
東京都新宿区市谷左内町21-13
株式会社技術評論社　書籍編集部
「Googleマイビジネス 集客の王道　～ Googleマップから「来店」を生み出す最強ツール」
質問係
FAX：03-3513-6183
お問い合わせフォーム：https://book.gihyo.jp/116

※ご質問の際に記載いただいた個人情報は、ご質問の返答以外の目的には使用いたしません。
　また、ご質問の返答後は速やかに破棄させていただきます。

Google マイビジネス 集客の王道
～ Google マップから「来店」を生み出す最強ツール

2019年12月28日　初版　第1刷発行
2020年12月30日　初版　第5刷発行

著者　　　永友一朗
発行者　　片岡 巌
発行所　　株式会社技術評論社
　　　　　東京都新宿区市谷左内町21-13
　　　　　電話：03-3513-6150　販売促進部
　　　　　　　　03-3513-6166　書籍編集部
印刷／製本　日経印刷株式会社

定価はカバーに表示してあります。

本書の一部または全部を著作権法の定める範囲を越え、
無断で複写、複製、転載、テープ化、ファイルに落とすことを禁じます。

©2019　永友一朗

造本には細心の注意を払っておりますが、万一、乱丁（ページの乱れ）や落丁（ページの抜け）がございましたら、小社販売促進部までお送りください。送料小社負担にてお取り替えいたします。

ISBN978-4-297-11005-5　C3055

Printed in Japan